JN291449

水産資源学を語る

田中昌一 著

恒星社厚生閣

はじめに

　水産資源学が生まれてから100年，その間に水産業は大きくその姿を変えてきた．20世紀の中期までは急成長の攻めの時代だった．しかし後期に至って次第に守りの時代へと移っていく．今水産業をめぐる環境は世界的に厳しいものがある．国連海洋法会議は一つの重要な転機だった．

　1970年代の後半に至っていよいよ200海里時代がやって来た．各国の沿岸の漁場は全てその国のものとなり，沿岸国から特別に許可をもらったもの以外は魚を獲ることができなくなった．遠くの海まで行って大量の魚を漁獲していた日本では，魚が食えなくなるということで，魚隠しや魚転がしが流行し，値段がべらぼうに高くなってしまった．消費者はあまりにも高価な魚を見限って，魚離れをはじめた．外国の沿岸で魚が獲れないなら，日本の近海を再開発しようと，沿岸漁業の見直しだとか，栽培漁業の振興だとかが叫ばれるようになった．中でも注目されたのは，漁業者の口から資源管理型漁業が主張されるようになったことである．管理型漁業の内容は，人によってさまざまであろうが，いずれにしても，魚の資源を大事に保護しながら末永く利用していこうということであろう．日本の漁業が日本近海の水産資源にだけ頼らなければならないとすれば，有限な資源をいかに有効に活用するかを考えなければならない．このような形で，資源の管理に対する関心が高まったことは結構なことである．

　資源の科学的管理のためには，資源について知ることが第一に必要である．そのために，日本では水産庁の研究所が中心になって，各種の水産資源の研究を進めている．水産資源について研究する学問を水産資源学という．20世紀に入ってから始まった新しい学問である．日本では特に戦後になって水産資源学の研究に力が入れられるようになった．しかし，研究の成果に基づく科学的資源管理は，いまだしの感がある．自然科学と社会科学の総合された施策の要求される資源管理は，頭のなかで考えるほど単純でやさしいものではない．日

本では資源開発は得意でも，資源管理は苦手のようだ．

　戦後間もなくの頃，ふとしたことから私が水産資源の研究に携わることになってから50年余が経過した．その間に扱った魚種は，イワシ類，サンマ，ブリ，サケ・マスなどの浮魚から，タイ類やグチ類などの底魚，さらにはオットセイ，クジラにまで及んでいる．その内容も，漁獲量の解析，標識放流調査から，資源の動態論，管理論にまで及ぶ．これらの研究の紹介だけでも，水産資源学の入門書が書けるだろう．

　そう考えながら，物語を読むような気持ちで読める水産資源学の本を書いてみたいと思ったのである．理屈っぽい学問を物語り風に書くなど容易な業ではないが，その出来，不出来はともかくとして，自分の仕事を振り返りながら，一つの記録としてまとめてみたのがこの本である．筆を進めながら，一緒に仕事をした多くの方々の顔が目の前に浮かんできた．この本を世に出すにあたって，いろいろご指導，ご援助を賜った先輩，同僚，後輩の方々に心からお礼を申し上げたい．

　　　　2000年9月

　　　　　　　　　　　　　　　　　　　　　　　　　　　　　　　著者

水産資源学を語る　目次

はじめに ……………………………………………………………………… *i*

I. 日本の漁獲量，世界の漁獲量 —— いわしが主導 —— ……… *1*
  1. 戦後の日本の漁業・養殖業生産量の変遷 ………………………… *1*
  2. 200 海里以降の日本の生産量 …………………………………… *5*
  3. 暖水系プランクトン食性浮魚の資源変動 ……………………… *8*
  4. 世界の水産業生産量 ……………………………………………… *11*

II. 資源と漁業の関係の理論 —— 乱獲ってなに？ —— ……… *15*
  1. 生残と漁獲のモデル ……………………………………………… *15*
  2. 漁業の在り方と漁獲量 …………………………………………… *18*
  3. 資源診断と等量線図 ……………………………………………… *22*
  4. 資源量指数と有効努力量 ………………………………………… *25*

III. 東シナ海・黄海の底魚 —— 獲り過ぎ論 —— ……………… *31*
  1. 戦前の底曳き漁業の変遷 ………………………………………… *31*
  2. 戦後の漁業，その発展と衰退 …………………………………… *34*
  3. 底魚資源の研究 …………………………………………………… *38*
  4. 底魚資源の診断 …………………………………………………… *40*
  5. レンコダイの資源量指数 ………………………………………… *43*

IV. サンマ —— 動きまわる魚群 —— ………………………………… *47*
  1. サンマという魚 …………………………………………………… *47*
  2. サンマの漁場 ……………………………………………………… *51*

 3. 漁場内の魚群量の季節変化 ……………………………………………… *53*
 4. 魚群量の変化と漁獲努力量 ……………………………………………… *55*
 5. サンマ資源の年変動 ……………………………………………………… *58*

Ⅴ. マイワシ —— 卵の量で資源を測る —— ………………………………… *63*
 1. マイワシ資源の協同研究 ………………………………………………… *63*
 2. 産卵総量の推定 …………………………………………………………… *65*
 3. 親魚資源量と漁獲率 ……………………………………………………… *69*
 4. 適正漁獲と資源管理 ……………………………………………………… *72*

Ⅵ. サケ・マス —— 親と子の量的関係 —— ………………………………… *77*
 1. サケ・マスについて ……………………………………………………… *77*
 2. 環境の収容力 ……………………………………………………………… *81*
 3. 親子の量的関係，再生産曲線 …………………………………………… *83*
 4. 資源管理の問題 …………………………………………………………… *84*
 5. サケ・マス資源管理の理論 ……………………………………………… *86*
 6. 親子関係の求め方 ………………………………………………………… *90*

Ⅶ. ブリとモジャコ —— 標識放流で何がわかる —— ……………………… *97*
 1. モジャコ研究の経緯 ……………………………………………………… *97*
 2. 流れ藻の標識放流による漁獲率の推定 ………………………………… *100*
  2.1 標識の移動 …………………………………………………………… *101*
  2.2 放流から回収までの経過日数と移動距離 ………………………… *103*
  2.3 モジャコ漁業による標識流れ藻の回収率 ………………………… *105*
  2.4 流れ藻の漁獲率の推定 ……………………………………………… *106*
 3. 標識放流から見たブリの回遊と資源動態 ……………………………… *109*
  3.1 1963～65 年の結果で見た回遊 …………………………………… *110*

3.2　相模湾への来遊と水温 ······················· *113*
　　　3.3　戦前の結果と戦後との比較 ····················· *114*
　　　3.4　ブリの回遊モデルと資源動態 ··················· *117*

Ⅷ．鯨資源の管理方式 ── 資源管理はむずかしくない ── ············· *121*
　1．不確かな情報のもとでの行動の仕方 ··················· *121*
　2．フィードバック管理の一つの例 ····················· *123*
　3．鯨資源の管理をめぐるいろいろな問題 ················· *126*
　4．改訂管理方式 ·································· *131*

終章　資源研究のこれから ── データとモデルは卵と鶏 ── ····· *133*
　1．研究の成果と今後の基本課題 ······················· *133*
　2．資源管理技術の開発 ···························· *135*
　3．マイワシなどの年級変動の原因究明 ················· *137*
　4．水産資源研究で今何をなすべきか ··················· *139*
　　　4.1　研究が壁にぶつかった時 ····················· *139*
　　　4.2　鯨資源の場合 ····························· *141*
　　　4.3　データとモデル ··························· *142*

参考文献 ·· *145*

I. 日本の漁獲量，世界の漁獲量
―― いわしが主導 ――

1. 戦後の日本の漁業・養殖業生産量の変遷

　戦後の水産業を概観するために，その生産量をまず 200 海里が始まるまでの間についてみてみよう．戦争によって壊滅した日本の水産業は，戦後政府の食料増産政策に支えられて急速に復興し，講和条約の発効した 1952 年には，戦前の最高をしのぐ 480 万トンの生産をあげた．その後一時停滞したが，1956 年以来順調な伸びを示し，1972 年には 1,000 万トンの大台を突破した．1975 年には，遠洋漁業の後退から生産量は前年に比べて減少したが，なお 1,055 万トンを記録し，200 海里元年といわれた 1977 年にも微増した．図 1-1 に遠洋，

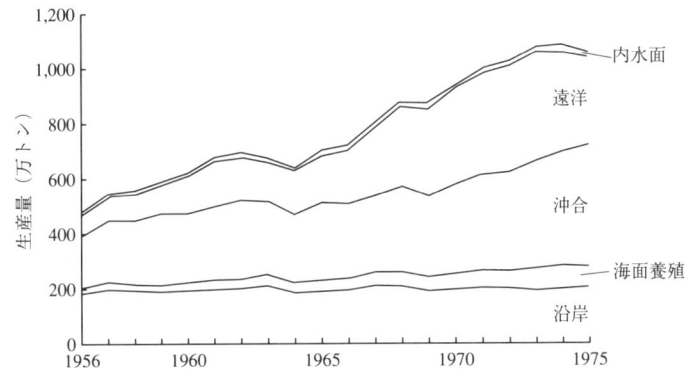

図 1-1　日本の漁業・養殖業生産量．1956〜1975 年，カテゴリー別

沿岸などのカテゴリー別の生産量を示した．この図から明らかなように，1975年までの20年間，沿岸漁業の生産は変化しなかったが，沖合，遠洋漁業，特に後者の伸びが大きかった．海面養殖業も，量としては少ないが，高い率で成長している．

戦後，漁業の再建，振興に当って，政府は「沿岸から沖合へ，沖合から遠洋へ」をスローガンとしてきた．また1962年頃から，沿岸の構造改善事業を進めるにあたって，「とる漁業からつくる漁業へ」のスローガンのもとに，海面養殖にも特に力を注いできた．1970年代に入り，沿岸国の権利主張が強くなり，遠洋漁業は著しく後退したが，つくる漁業の一層の振興に加えて，沿岸漁業の再評価がなされた．しかし後で述べるように，漁獲量1,000万トンの大台を支えていたのは，つくる漁業でも沿岸漁業でもなかったのである．

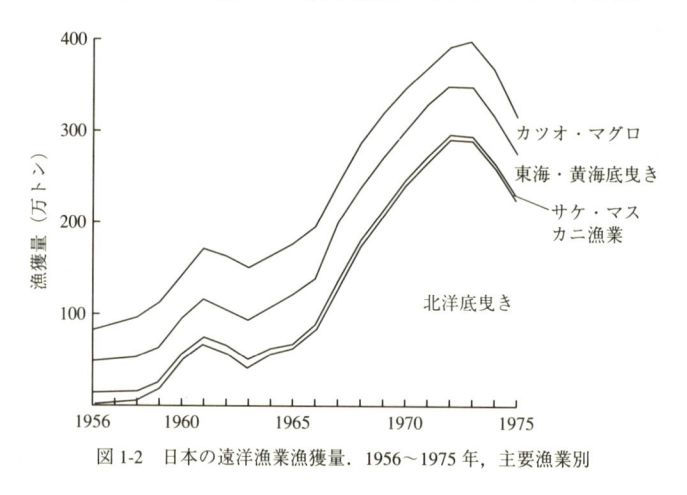

図1-2　日本の遠洋漁業漁獲量．1956〜1975年，主要漁業別

著しい発展を遂げた遠洋漁業のなかで，特に目覚ましい発展をしたのが，北洋の底曳き漁業だった．このことは図1-2に明瞭に示されている．カツオ・マグロ漁業，サケ・マス漁業，カニ漁業はむしろ漁獲量が減少している．東シナ海・黄海や，他の遠洋水域のトロール漁業（底曳き漁業の一種）も，1967年頃を頂点に減少に転じた．北洋の底曳き漁業も1972年を最高に急速に下降して

いるが，遠洋漁業のなかで最も重要な地位を占めており，遠洋漁業全体の変動を完全に支配している．

　北洋の底曳き漁業の漁獲量には2つの山が見られ，魚種別漁獲量からこれらの山の意味を知ることができる．まず1961年頃の山は，カレイ類の漁獲によるものである．当時東ベーリング海でコガネガレイが集中的に漁獲され，乱獲のためにやがて主要漁獲対象でなくなってしまった．いわゆるパルス漁業の一つの典型的例である．代わって東ベーリング海やカムチャッカ半島東西岸のスケトウダラ資源が開発され，それによって1972年のピークに到達した．しかしスケトウダラにも乱獲の兆候が現れ，規制が強化されて漁獲は減少に転じ，さらに200海里漁業水域の影響を最も激しく受けて急減した．この減少がそのまま遠洋漁業漁獲量の減少に反映されている．スケトウダラの漁獲は，沿岸，沖合の漁獲を加えると1972，1973の両年には300万トンを越えた．このように漁獲が急増したのは，練製品の原料であるすり身加工技術の開発によって，需要が著しく増大したためである．

　沿岸漁業の漁獲量は約200万トンで，ほぼ一定である．これに対して沖合漁業は，1956年の193万トンから，1972年の492万トンまで2.5倍に増加した．沖合漁業は底曳き網，旋き網，そのほか多くの漁業を含み，底魚も浮魚も利用している．

　沿岸漁業と沖合漁業を合わせて，魚種別に漁獲量の変動を見ると，比較的安定している魚種と，大きな変化を示す魚種のあることがわかる．浮魚の漁獲量のうち，ウルメイワシ，カタクチイワシ，ブリは，変動をしながらも，特定の増減傾向をあまり示していない．マアジ，サンマは，それぞれ1968年，1964年頃から漁獲が減少した．スルメイカも1968年のピーク以来減少を続けている．一方1960年代のサバ類の増加は著しい．1971年以来のマイワシの急増も注目される．1977年の沿岸，沖合の漁獲703万トンのうちサバ類が136万トンで19.2%，マイワシが142万トンで20.2%に達し，合わせると全体の39.5%を占めている．

底曳き漁業は非常に多くの魚種を対象としており，単一種が圧倒的に多いということはない．カレイ・ヒラメ類，ホッケが一定水準にある一方で，スケトウダラが急増している．イカナゴの漁獲も，養殖餌料としての需要増から増加している．

　沿岸・沖合漁業の漁獲量を1964年と1977年で比較してみると，426万トンから703万トンへ278万トンも増加した．同じ期間にサバの漁獲量は86万トン，マイワシは140万トン，スケトウダラは18万トン，イカナゴは8万トンそれぞれ増加した．これらの合計は253万トンで，全体の増加の9割を越える．日本近海での1960年代後半から1970年代の半ばにかけての漁獲増は，サバ，マイワシの資源増大，およびスケトウダラ，イカナゴなどの需要増大によって支えられていた．200海里時代を迎えて遠洋漁業の漁獲が急減した中で，1977年以降も1,000万トン以上の漁獲を維持できたのは，サバとマイワシ特に後者の漁獲増のおかげである．

　海面養殖業の生産は，1960年代の後半からその伸びが特に顕著になった．国民の生活水準の向上に伴う需要の多様化，高級化が養殖業の発展をうながした．しかし重量でいうと，最高の88万トンという生産をあげた1974年の値でいって，過半の50万トンが海藻で占められ，また量的に多いカキの21万トンは殻付き重量であるため，肉重量はその1/6程度に過ぎない．ホタテガイ養殖は北日本の沿岸漁民にとって経済的に有利であったため，急速に成長したが，密植による大量死亡や貝毒の発生などのため，生産量は1970年代の後半には6～7万トンのレベルで頭打ちとなった．ブリの養殖は西日本で盛んで，その生産量は1976年に10万トンを越えたが，過剰生産傾向や未利用養殖適地の減少のため，限界が見えてきた．餌料として生産量の約8倍の魚を必要とすることも問題とされている．

　1960年代の後半にスケトウダラやサバの漁獲が急増するにつれて，魚介類の需要関係や消費動向に顕著な変化が現れてきた．もちろんこの変化には，生活水準の上昇に伴う高級魚介類の需要増や，水産物から畜産物への消費の変化

も関係している．食料用としての消費増に比べて，それ以外による消費が伸びている．魚介類を人間が直接食料とせず，家畜や養殖の餌料に回す分が増大しているためである．一方，高級魚介類では，マグロ，サケ・マス，エビ，タコなどの輸入が急増した．

2．200海里以降の日本の生産量

1970年代になって，200海里制にともなう規制が強化され，遠洋漁業の漁獲が1973年の399万トンを頂点に急速に下降したが，一方，沖合漁業の漁獲が1973年から急増に転じ，総生産量は1,000万トンを越える水準に維持されていた．1980年代にも漸増が続き，1984年には1,200万トンに達し，このレベルは1988年まで続いた．しかし翌年からは遠洋，沖合での減少が重なり，1991年に1,000万トンを割り，1997年には741万トンにまで下がってしまった（図1-3）．

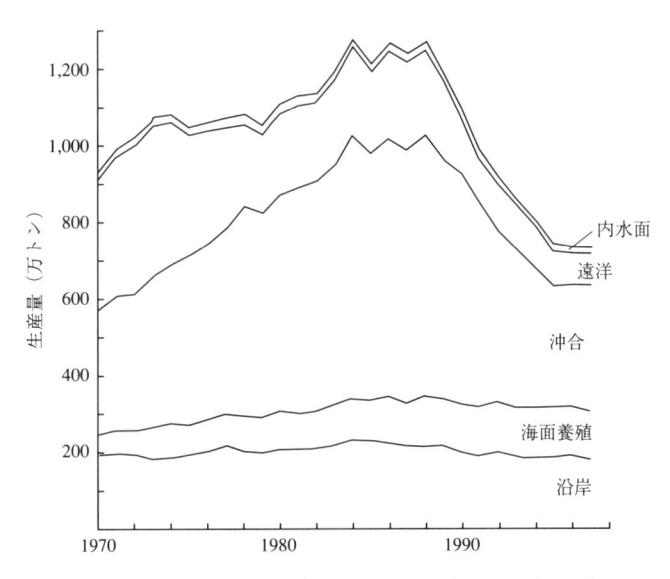

図1-3 日本の漁業・養殖業生産量．1970〜1997年，カテゴリー別

1996年について国際的に比較すると，日本の生産量は中国，ペルーに次いで第3位である．

遠洋漁業の中でも200海里制の影響の特に大きかったのは北洋の底曳き漁業で（図1-4），その主要漁獲物はスケトウダラである．この漁業の総漁獲量は1973年頃の最高時には290万トンであったものが，5年後には120万トン以下にまで下がってしまった．その後100万トンの水準でしばらく落着いていた漁獲も，200海里規制の強化により1987年頃から急減し，1995年には10万トンのレベルにまで下落した．200海里内から追い出された底曳き漁業は，1980年代の後半にベーリング海の公海域に集中してスケトウダラを多獲したが，資源の枯渇から漁獲量は急減し，出漁国の協定により1993年以来休漁となった．

遠洋漁業の漁獲量は1980年代の後半にわずかに増加を見せた．南方トロールでニュージーランド沖のホキがスケトウダラすり身の代替として多獲されたほか，遠洋イカ釣りおよびイカ流し網の漁獲増によるところが大きい（図1-4）．

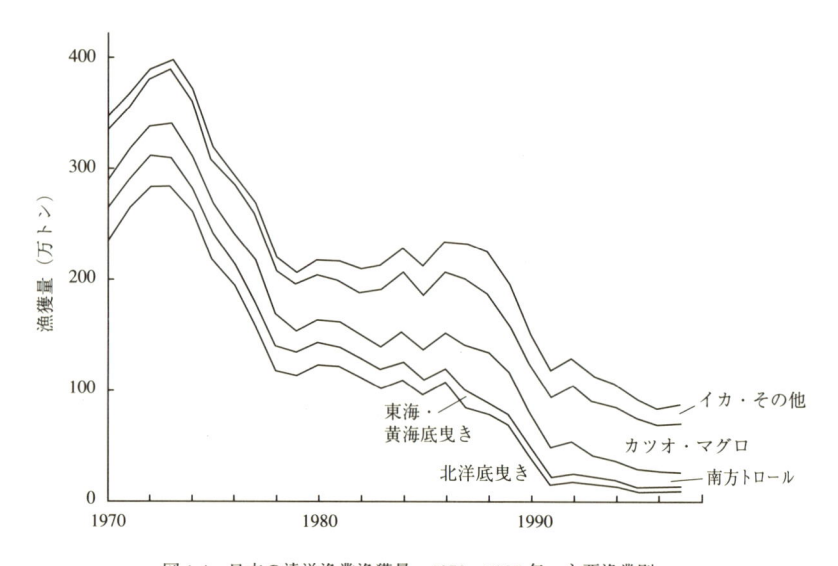

図1-4　日本の遠洋漁業漁獲量．1970～1997年，主要漁業別

これらの漁獲はいずれも 1990 年代に入って減少してしまった．東海・黄海の底曳き漁業（いわゆる以西底曳き）は 1970 年頃の 30 万トンのレベルから漸減を続けていたが，1980 年代の後半からさらに減少して，1990 年代の半ばには 5 万トン以下となってしまった．遠洋漁業の中で目立った減少傾向を示していないのはカツオ・マグロ漁業のみである．しかしこの漁業も一部資源の枯渇と激しい国際競合のため，苦しい経営を続けている．

沖合漁業はマイワシの豊漁により 1980 年代に 600 万トンあるいはそれ以上の高い水準にあったが，マイワシの不漁から 1990 年代に入って急減し，1995 年以降 300 万トンのレベルに落ちてしまった．沿岸漁業は 200 万トン前後の水準で長期間安定しているが，細かく見ると 1980 年に 200 万トンの水準を越えてから 1984〜86 年には 220 万トンを越えるなど 10 年間比較的高い水準を維持していた．これも中小型旋き網や定置網でのマイワシの漁獲増が貢献していた．沿岸・沖合漁業に大きな影響を及ぼしているマイワシやサバなどの漁獲変動については，別項でさらに詳しく述べる．

海面養殖生産は，1970 年代の後半に 90 万トンのレベルで一旦頭打ちとなっていたが，1980 年代に入ると再び増加に転じ，1988 年以降は 130 万トンレベルを維持している（図 1-3）．この中で海藻類の占める割合は依然として高く 50％に近い．ホタテガイの養殖生産は，1980 年頃 5 万トンレベルで中だるみとなっていたが，種苗放流や適切な漁業管理の結果 1980 年代後半に増加に転じ，1996 年には 25 万トンを越えた．かつて急成長したブリ養殖は，1979 年に 15 万トンを越える生産をあげたが，その後停滞傾向が続いており，1990 年代に入ってからはむしろ漸減傾向にある．代わってそのほかの魚類の養殖生産が増加し，特にギンザケ，マダイは 1993 年にそれぞれ 2 万トン，7 万トンを越えた．以後ギンザケの生産は減少したが，マダイはなお増加傾向にある．量的にはまだ少ないが，ヒラメ，フグ類，シマアジなど高級魚の生産が着実に増加している点が注目される．

3. 暖水系プランクトン食性浮魚の資源変動

　イワシ，アジ，サバなどは，日本人には最もなじみ深い魚たちであるが，これらの魚は日本近海で黒潮系の暖かい水の表層に棲んでいて，プランクトンを常食にしている仲間である．このような暖水系プランクトン食性浮魚としては，ほかにサンマ，スルメイカがある．何れも日本人に親しまれている魚種で，かつ量的にも多い．すでに述べたように魚種別の漁獲量の変動の激しいことも特徴である．例えばマイワシの漁獲量は 1930 年代の半ばに 100 万トン以上を記録したが，1940 年代に急減し，1950 年代の初めに若干回復して 30 万トン程度に達したが，その後再び減少し，1965 年には 9,000 トンと，最高時の 1/150 にまで下がってしまった．しかし 1971 年以降目立って増加し，1976 年にはついに 100 万トンの大台を記録した．

　サンマとアジ類の漁獲は，戦後不漁のマイワシに代わって急増し，サンマは 1955～63 年にほぼ 40～50 万トンの漁獲をあげ，アジ類も 1959～67 年に 40 万トン以上の漁獲を続けた．しかしサンマは 1964 年，アジ類は 1968 年頃から減少し，それぞれ 20 万トンないしそれ以下で停滞した．減少したサンマ，アジ類に代わって，1960 年代に入るとサバ類の漁獲が急増し，1968 年以降ほぼ 100 万トン以上の漁獲が続いた．スルメイカは，日本海の沖合漁場が開発されたため，1970 年頃には 40 万トン以上の漁獲があったが，マイワシの増加とはうらはらに，1975 年以降減少傾向に転じた．

　1970 年代後半のマイワシ漁獲量の急増は，目を見張るものがある（図 1-5）．1976 年に 100 万トンを越えた漁獲は 1980 年に 200 万トン，1984 年には 400 万トンを越え，この高い水準は 1989 年まで続く．この豊漁が，衰退した遠洋漁業生産に代わって，日本の水産業生産量を 1,000 万トンの水準に維持していたのである．ところが，1990 年からつるべ落としの減少が始まった．1995 年には 100 万トンを割り，1997 年の漁獲はわずか 28 万トンで 1973 年の値にほぼ等しい．

I. 日本の漁獲量, 世界の漁獲量

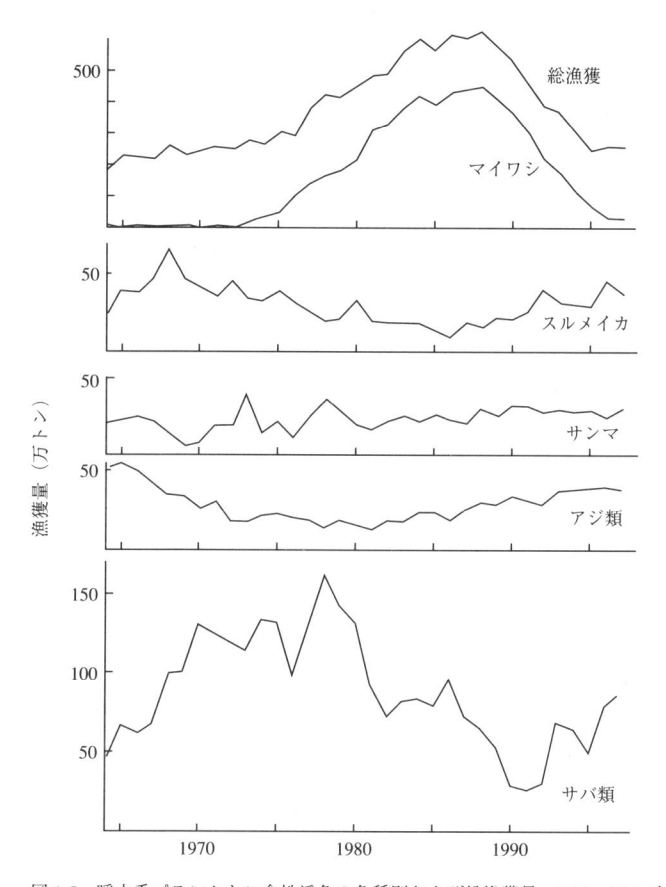

図 1-5　暖水系プランクトン食性浮魚の魚種別および総漁獲量．1964～1997 年

　マイワシと全く対照的な変化を示しているのがスルメイカである（図 1-5）．1970 年代から減少を続けていた漁獲量は，マイワシの漁獲が 300 万トン以上あった 1981～91 年の間 20 万トンないしそれ以下の水準に押さえられている．しかし 1992 年から 30 万トン以上に回復し，高水準を保っている．サンマは 1970 年頃，アジ類は 1980 年頃に底をうって以後漸増傾向を示している．一方サバ類は 1970 年代を通して 100 万トン以上の漁獲が続き，1970 年代の後半に

はマイワシと並んで高い水準にあったが，マイワシが 200 万トンを越える頃から激しい減少を示した．この漁獲は 1990 年頃に最低の 20 万トン台に落ちたが，1993 年からは増加傾向を示している．（図 1-5，図 4-1）．

同じ水系のなかに棲み，同様なプランクトンを食べ合っているこれらの魚種の間では，一つの魚種が減少すると他の魚種が増加する傾向があり，その結果，これらの総漁獲量は図 1-6 に示すように，非常に安定している．戦前は最高 190 万トン程度であったが，戦後は 1952 年以来 200 万トンから徐々に増加して，マイワシ急増直前の 1970 年代半ばには 300 万トンとなった．この間漁船の性能の向上は著しく，したがって漁獲の強さは格段に大きくなったと思われるのに，漁獲量が目立って増加せず，かつ漁獲量の年変動が極めて小さいのは，日本近海の生産力の限界がこの程度であって，漁業がこれに見合っただけの漁獲をあげているためであろうと考えられていた．

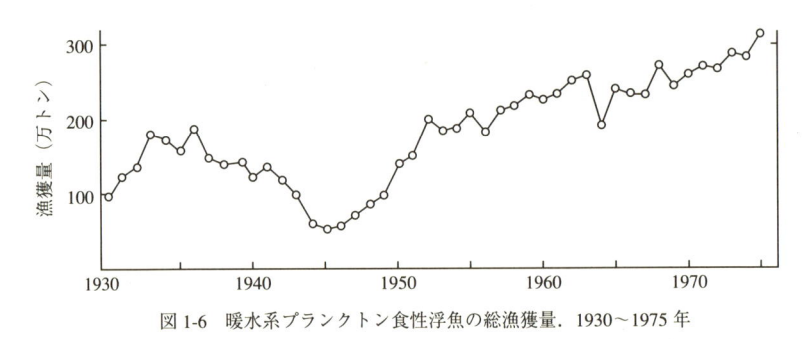

図 1-6　暖水系プランクトン食性浮魚の総漁獲量．1930～1975 年

ところがマイワシが急増してからは，マイワシ 1 種で 400 万トン以上となり，他の魚種が減少したといっても，合計は 600 万トンに達している（図 1-5）．日本近海の生産力の限界説では説明がつきにくい．これにはいろいろな原因が考えられる．一つにはマイワシが植物プランクトンを直接利用しているということである．カタクチイワシは同じイワシの仲間だが，動物プランクトンを食べる．その動物プランクトンが植物プランクトンを食べている．イワシを餌としてブリを養殖するのと同じで，食物連鎖が一段上がるごとに肉になる量が何分

の1かに下がってしまう．その意味でマイワシは海の生産力を極めて効率よく利用しているわけである．

次に，日本近海の生産力そのものが高くなったということである．マイワシの豊漁は面白いことに太平洋，大西洋を含めて，全世界的に同時に起こっている．全地球的気候変動が海の状況を変え，生産力が高くなったことがマイワシ豊漁の原因だとされている．そうだとすると，マイワシによって他の魚種が影響を受けたとしても，浮魚全体として漁獲量が高くなることはあり得る．

さらに，日本近海とはどの範囲かということも問題である．不漁時代にマイワシは主として黒潮の内側の沿岸域に分布していた．ところが1980年代の豊漁時には黒潮の外側にまで広く分布しており，さらに黒潮が流れ去った本州のはるか東方 1,000 km 以上の沖合にまで大量に分布していることがわかった．海域を広くとれば，生産力の限界も当然高くなるはずである．

いまこれら3つの仮説のうちのどれが正しいかはわからない．そのいずれもが関係していることも考えられる．興味深くかつ重要な課題である．

4. 世界の水産業生産量

国連の食糧農業機関（FAO）の統計によって，1950年以降の世界の水産業の生産量の推移を見ると，全体として増加の傾向にある．しかし増加率は次第に低下して，頭打ちの様相を示しており，1970年頃および1990年頃に生産の伸びの停滞する時期があった（図1-7）．これらの現象を少し詳しく見てみよう．

1950年に2,110万トンであった生産量は1970年には7,000万トンに達した．約3.3倍である．この伸びを年率になおすとほぼ6.2％となる．しかもこの伸び率が，20年間を通してほとんど一定に保たれてきたのである．5年毎の伸び率で示すと，1950年から1955年までが年当たり6.5％，続いて7.2％，5.8％，そして1965年から1970年までが5.6％である．厳密に言うといくらか落ちてきているとはいえ，6％前後の成長の続いたことがわかる．

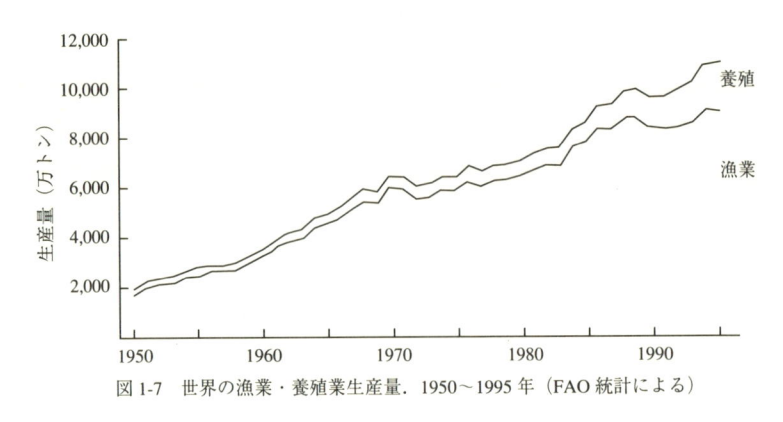

図 1-7 世界の漁業・養殖業生産量．1950～1995 年（FAO 統計による）

　ところが，1970 年に 7,000 万トンを記録してから伸びが止まり，1975 年まで 7,000 万トンないしそれ以下の数字が並ぶ．1976 年に 7,200 万トンに回復して漸増に転じたが，1970 年までの安定した成長に比べて対照的である．このように一時的に生産量の低下した最も大きな原因は，ペルー沖のアンチョビーの不漁であった．ペルー沖では南からの寒流と赤道方面からの暖流がぶつかって，極めて生産力が高く，巨大なアンチョビー資源が存在していた．この資源は，かつては海鳥が餌とするだけだったが，1950 年代の初めからフィッシュミール用に開発が始められた．1953 年の漁獲量は 4 万トンたらずであったが，1956 年に 12 万トン，1959 年に 191 万トン，1962 年に 628 万トンと急激に増加し，1967 年から 1971 年までは 1,000 万トンないしそれ以上の漁獲が続いた．特に 1970 年には 1,200 万トン近い水揚げがあった．世界一の水産国を自負していた日本の総漁獲量を越える漁獲が，アンチョビー 1 種であげられていたのである．ところが，赤道から暖水が張りだすエル・ニーニョと呼ばれる海況異変が起こり，1972 年の漁獲量は 460 万トンにまで落ち，翌年にはさらに 300 万トンにまで下がってしまった．そのため厳しい漁業規制が加えられたが，漁獲量は低下を続けた．

　その後もしばらくの間この資源からの漁獲は回復しなかったが，この魚種を除いた全世界の生産量は，1970 年以降も毎年 2～4％程度の伸びを続けていた．

I. 日本の漁獲量，世界の漁獲量

　だからアンチョビーの漁獲が100万トンのレベルにまで落ちて一応下げどまった1970年代の後半になると，総生産が再び顕著な増加に転じた．1970年から1990年までの5年ごとの年当たり伸び率を見ると，1975年まではマイナス0.3％であったが，以後は1.8％，3.6％，2.6％と続き，後半の15年間全体での平均は2.6％となり，1970年以前の6％よりはかなり低いが，それでも安定した伸びを示していた．1980年代前半の高い伸びを支えたのはマイワシの増加である．日本を含む極東のマイワシを始め，南北アメリカ西岸，大西洋のマイワシ漁獲量が1977年から1984年までの7年間に700万トン以上も増加した．同じ期間の総生産の伸びは1,600万トンほどであるから，マイワシがその半分を担っていたことになる．

　マイワシ漁獲量の増加は1984年以降止まってしまったが，全世界の総生産も1988年に1億トンの大台を記録してから1992年までの5年間1億トンのレベルで足踏み状態となった．増加傾向を取りもどしたのは1993年からであるが，1992年から5年間の2,000万トンを越える増加はむしろ異常である．この間マイワシは700万トンも減少したが，逆にペルーのアンチョビーが著しい復活を示し，マイワシによる減少を完全に穴埋めしている．この頃の増加はかなりいろいろな魚種で見られるが，中国での淡水魚の増加が目立つ．

　世界の全生産量や，アンチョビーやマイワシの漁獲変動を見ただけでは，1970年代後半から始まった200海里制の影響は見られない．しかし200海里制は具体的にはいろいろな影響を及ぼしている．外国の管轄水域から追い出された遠洋漁業は，日本やソ連，ヨーロッパの諸国で見られたように，壊滅的打撃を受けた．遠洋漁業を追い出した沿岸国は，自国の漁業の発展に力を入れたが，多くの先進国，発展途上国で資源管理に失敗している．また追い出された遠洋漁業は公海域に残されたわずかの資源に群がり，これらの資源を乱獲した．資源乱獲を防止する決め手と宣伝されていた200海里制は，皮肉にも乱獲をむしろ促進してしまったのである．

　近年の総生産量は1億2,000万トンを越えているが，これには800万トンの

海藻類や2,000万トン以上の養殖生産などが含まれている．これらを除いた海面漁業による漁獲量は9,000万トン余りである．この値は，かつてFAOが魚種ごとの開発の可能性を積み上げて見積もった漁業生産量の限界1億2,000万トンに比べるとまだ若干の余裕があるが，現在の漁業が資源的に限界に近いことは間違いない．FAOは世界の漁業資源の2/3が完全利用か，または乱獲状態にあると見積もっている（FAO, 1995）．資源管理の重要性はますます高くなっている．また一方で，21世紀に100億を越えると予想される人達への食糧供給の面から，さらなる海洋資源の高度，有効利用が要求されている．

II. 資源と漁業の関係の理論
―― 乱獲ってなに？ ――

1. 生残と漁獲のモデル

　水産資源は生物資源であるから，自己再生産を行なっている．個体が成長してその重量を増し，子を生んで数をふやす一方で，漁獲やそれ以外の自然的原因で死亡していく．これらの数量変動の諸要因のうちの死亡について考えてみよう．魚がある年齢に達して，完全に漁獲の対象になってからの年齢組成は，しばしば等比級数的になっている．図 2-1 にその一例を示す．この図では縦軸が対数尺にとってあるので，右辺が右下がりの直線になっているということは，毎年の生残率が一定であることを示している．この図はある時点での年齢組成を表しているので，たとえば 2 歳魚と 3 歳魚は別の年生まれの別の年級である．もし漁業の強さが毎年一定であると，一つの年級からの漁獲尾数を，その一

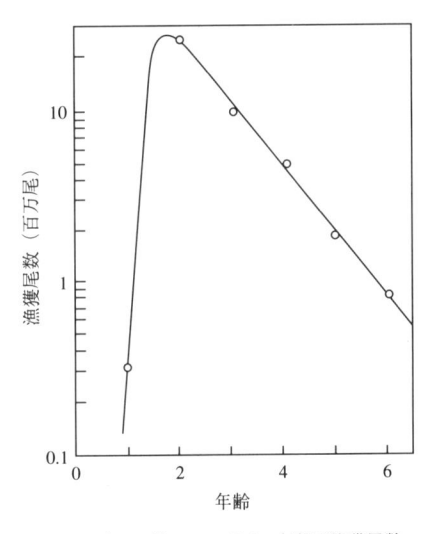

図 2-1　東シナ海レンコダイの年齢別漁獲尾数．1950 年 9 月～1951 年 8 月（田中, 1998）

生を通じて追跡しても，同じような曲線が得られる．図 2-2 に 1939 年生まれの北海道ニシンの例を示す．5 歳で頂点に達した後，ほぼ直線的に減少している．等比級数の公比は約 0.73 である．つまり生残率がほぼ 73％である．死亡率は 1 年で 27％となる．

今 Δt という短い期間に死ぬ割合を $(Z\Delta t)$ とする．その時点での総尾数を N とすると，死ぬ数は $(Z\Delta t)N$ である．これが Δt の間の N の変化量に相当するから，これを ΔN で表すと

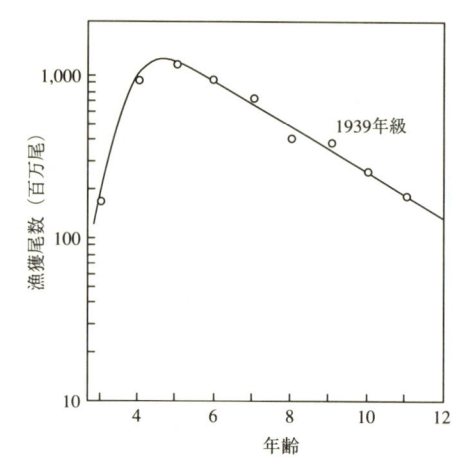

図 2-2　北海道春ニシン 1939 年級の各年の漁獲尾数
（石田，1952；田中，1998）

$$\Delta N = -ZN\Delta t$$

と書ける．ここで負の符号は，死亡による減少を表している．生き残る割合は $(1-Z\Delta t)$ であるから，初め N_0 いた尾数は，Δt だけ時間がたったときは $N_1 = N_0(1-Z\Delta t)$ だけ生き残っている．同じく $2\Delta t$ たった時には $N_2 = N_1(1-Z\Delta t) = N_0(1-Z\Delta t)^2$ だけ生き残っている．一般に $i\Delta t$ 後には

$$N_i = N_0(1-Z\Delta t)^i$$

となっている．Δt が非常に短くなる一方で i が大きくなった時に $i\Delta t = t$ とすると，指数関数を使って $(1-Z\Delta t)^i \fallingdotseq e^{-Zt}$ と書くことができるので，この式は

$$N_t = N_0 e^{-Zt}$$

となる．ここでZのことを全減少係数と呼ぶ．時間tの単位を1年として，e^{-Z}は1年間の生残率，$(1-e^{-Z})$が同じく死亡率となる．すでに見たように，漁業の強さが一定の時は，毎年の死亡率も一定であるから，Zは定数と考えてよい．Zは漁獲による部分Fと自然死亡による部分Mとからなっている．すなわち

$$Z = F + M$$

である．ここで，漁業の強さが一定であるからFは一定であると考えられる．したがって，普通Mの値も一定と考えてよい．Fを漁獲係数，Mを自然死亡係数と呼ぶ．

はじめN_0だけいた魚のなかで，その後1年間に死ぬ数は$N_0(1-e^{-Z})$である．これらのうち，漁獲されたものと自然的原因で死んだものの割合は，各瞬間の死亡の比率が$F:M$になっているのだから，1年分についても同じ比率になっている．つまり死んだ総数のうちの$(F/Z)N_0(1-e^{-Z})$だけが漁獲される．ここで$(F/Z)(1-e^{-Z})$は，最初N_0だけいたもののうちの漁獲される割合にあたり，漁獲利用率と呼ばれる．

今，底をこするようにして網を曳いて，底に棲んでいる魚を漁獲したとする．網でこすった面積をs，ある魚種の分布している海域の面積をAとすると，もし魚がこの海域中に一様に分布しているならば，1回の曳網で，全体の資源のs/Aだけが漁獲されることになる．実際には，網でこすった範囲の海底にいた魚の一部は，網を避けて逃げてしまうので，漁獲効率をkとおいて，ks/Aが漁獲率となる．X回網を曳いたならば，この率は$(ks/A)X$となる．これが漁獲係数Fに相当する．ks/Aは漁具の特性によって決まり，これが大きい時には1度に沢山の魚が獲れることになるので，この量を漁具能率と呼びqと表す．$F = qX$と書ける．

資源量の目安を与えるものとして，しばしば漁獲努力当たり漁獲量が用いられる．努力とは魚を獲ろうとする努力のことで，その量を数字で表すには，漁船数，出漁日数，操業回数など，漁業の型によってさまざまな量が用いられる．

底曳き漁業の場合，曳網回数を用いるのが普通である．水産資源学が生まれた頃，漁獲量の多い資源は大きな資源であると考えられていた．現在でもこの考え方がなくなったわけではないが，漁獲によって資源が減少していく状況を表現するような場合，より厳密な指標として，1930年頃から努力当たり漁獲量が用いられるようになった．

努力量 X だけ漁獲が加えられたときの漁獲量は

$$C = (qX/Z) N_0 (1-e^{-Z})$$

である．したがって

$$C/X = qN_0 \cdot (1-e^{-Z})/Z$$

となる．ここで Z を含む部分は Z が小さいときは1に近いので

$$C/X \fallingdotseq qN_0$$

と考えることができる．q は漁具によって定まった値であるから，努力当たり漁獲量は資源量に比例すると期待される．

2. 漁業の在り方と漁獲量

実際の漁業の場合，漁獲量は普通重量で表される．漁獲総重量を求めるには，漁獲尾数に平均体重を掛ければよい．ところで，漁獲対象がいろいろな年齢を含むときは，魚体の大きさが年齢によって異なるので，漁獲尾数を年齢別に考える必要がある．全ての魚が，年齢 t_c に達した時に資源に加入して漁獲の対象となり，t_d に達した時に寿命が来て死に絶えてしまい，その間一定の漁獲係数 F で漁獲されるものとする．この間の自然死亡係数も一定で M とする．全減少係数はもちろん $Z = F+M$ である．毎年の生残率は e^{-Z} であるから，t_c に達して漁獲対象の資源に加入した量を R とすると，その後のこの年級の各年の初

めの尾数は，次のような級数となる．なお $\exp(-Z)$ などは e^{-Z} などと同じものである．

$$R, R\exp(-Z), R\exp(-2Z), \ldots R\exp\{-(t-t_c)Z\},$$
$$\ldots R\exp\{-(t_d-1-t_c)Z\}$$

t_d 歳に達すると全部死んでしまうので，最後は (t_d-1) 歳までである．それぞれの年齢の平均体重を $w(t)$ とし，漁獲利用率を $(F/Z)(1-e^{-Z})$ とすると，総漁獲量 Y は

$$Y = R(F/Z)(1-e^{-Z})[w(t_c)+w(t_c+1)\exp(-Z)+\ldots$$
$$+w(t)\exp\{-(t-t_c)Z\}\ldots+w(t_d-1)\exp\{-(t_d-1-t_c)Z\}]$$

として計算できる．普通この式の両辺を R で割って，Y/R すなわち加入量当たり漁獲量として論じる．Y/R を計算するのに必要なパラメタは，Z（または M），F，t_c，t_d，および年齢別の平均体重，つまり成長曲線である．

成長曲線は，魚の年齢がわかれば容易に求められる．魚の年齢は，鱗，耳石，脊椎骨などにできる年輪を読んで査定する．鱗には隆起線と呼ばれる無数の細かい線が同心円状に，あるいは平行に並んでいるが，この線の間隔が1年を周期として拡大縮小を繰り返したり，隆起線の乱れが年1回生じたりして，年輪ができる．耳石には1年の周期で透明帯と不透明帯が交互にできるので，これを目安に年齢を決定できる．全ての魚種について年齢査定が可能なわけではないが，温，寒帯に棲み，生活年周期の明瞭な魚種では，多くの場合年齢査定ができる．

成長曲線として，いろいろな理論曲線が提案されているが，ベルタランフィーの式，すなわち体長 $l(t)$ について

$$l(t) = l_\infty[1-\exp\{-K(t-t_0)\}]$$

が最も広く用いられており，実際の成長にもよく適合する．l_∞ は年齢が無限大

になったときに到達する極限体長，K は極限体長への接近の速度を定める定数，t_0 は時間軸の原点を合わせる定数である．K の値は魚種によって異なり，普通 0.1 ないし 1.0 程度の値である．$K = 1.0$ だと，満 1 年で極限体長の 63% に達するが，$K = 0.1$ だと 10% にしかならない．体重はほぼ体長の 3 乗に比例する．体重の式は

$$w(t) = W_\infty [1 - \exp\{-K(t - t_0)\}]^3$$

である．

　加入量当たり漁獲量は，漁獲が加えられても成長曲線や自然死亡係数，および寿命は変化しないとすると，漁獲係数 F，および漁獲対象となる年齢 t_c によって決定される．F や t_c の値をいろいろに変化させると，漁獲量が変化する．その一例を図 2-3，図 2-4 に示す．この図では曲線の形にのみ注目して，漁獲

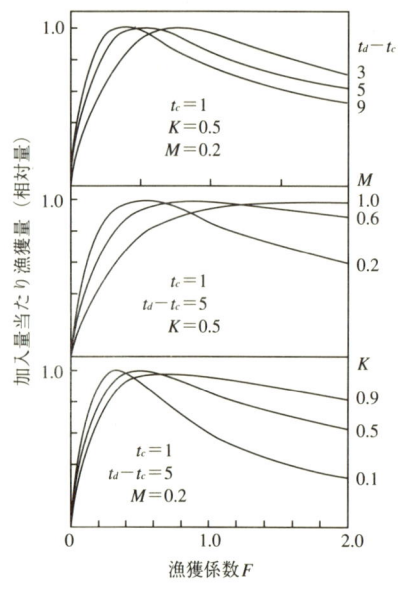

図 2-3　漁獲係数 F の変化にともなう加入量当たり漁獲量の変化（田中，1998）

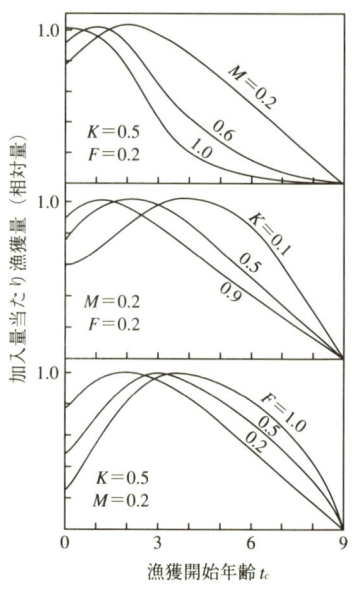

図 2-4　漁獲開始年齢 t_c の変化にともなう加入量当たり漁獲量の変化（田中，1998）

量の極大値がそろうようにして相対量で示した．この図で注目すべき点は，F を変えた時でも，t_c を変えた時でも，一般に漁獲量の極大になる点のあることである．そしてその極大点の位置は自然死亡係数 M の値によって異なり，M が大きいと，極大を与える F が著しく大きくなり，また t_c は 0 に近づく．

F あるいは t_c を変化させた時に得られる最大の漁獲量を最大持続生産量と呼ぶ．英語では Maximum Sustainable Yield というが，略して MSY と呼ぶ．ここで「持続」とは，定常的にいつまでも続けられるという意味である．いわば銀行利子だけを取り出している状態である．元金にまで手をつけると，一時的には高い漁獲が得られるが，やがて元金が減ってしまって，漁獲量も減少し，高い漁獲を持続させることはできない．

MSY を与える F の値を越えて漁獲を強めると，漁獲が強くなればなるほど持続生産量は下がる．このような状態を乱獲という．MSY を与える t_c よりも若い魚から漁獲の対象となっているときは，若齢魚の獲り過ぎで，これも一種の乱獲と考えてよい．M の値が大きいと，MSY の位置は F の大きい方，あるいは t_c の小さい方にずれることは図 2-3，図 2-4 で見た．つまり，自然死亡係数の高い魚種は乱獲になりにくいといえる．

以下の条件をそなえている魚種は漁獲係数 F に関して乱獲になりにくく，漁獲を相当に強めることが許される．

① 漁獲される年齢範囲の狭い場合（$t_d - t_c$ が小さい場合）
② 自然死亡の大きい場合（M の大きい場合）
③ 成長が早く頭打ちとなる場合（K の大きい場合）

一般に寿命の長い魚種では，当然漁獲される年齢範囲が広いが，また同時に自然死亡が低く，さらに高齢になっても成長が続き，頭打ちになりにくいため，最も乱獲になりやすい．一方，寿命の短い，小型のプランクトンを食べるような魚種では，一般に乱獲になりにくいと考えられる．

以下のような場合には漁獲開始年齢 t_c に関して乱獲になりにくい．つまり若いうちから漁獲したほうがよい．

① 自然死亡の大きい場合（M の大きい場合）
② 成長が早く頭打ちとなる場合（K の大きい場合）
③ 漁獲の弱い場合（F の小さい場合）

　ここで③の条件に特に注意したい．漁獲の弱いときは網目を小さくして小型魚を獲る必要があるが，漁獲を強めていくにつれて網目を大きくして，小型魚を逃がしてやるようにしなければならない．しばしば，漁獲を強化して努力当たり漁獲量が減少すると，網目を小さくしてこれを補うというようにして，漁獲の強化と網目の小型化が並行して起こる．網目を小さくすると一時的に漁獲はふえるが，持続生産量はさらに減少する．これは二重に悪いことである．寿命の長い魚種でかなり強度に漁獲されている時には，小型魚の保護は非常に効果的である．

3. 資源診断と等量線図

　病気になると医者の所へ行ってみてもらう．医者は患者の様子を見たり，種々の検査をして，病名を判断する．このことを診断という．そしてこの診断に基づいて，治療方法を決定する．これと同様に，資源の状態を調べて，それが獲り過ぎの状態にあるかどうかなどの判断をすることを資源診断という．資源の診断も，資源の病状をなおし，あるいは改善する方法を決定するために不可欠である．資源管理の第一歩は資源診断である．資源評価（アセスメント）という言葉もあるが，診断という方が，もし病気であればこれを治療するという気持ちが感じられる．

　資源診断にはいろいろな方法がある．毎年の資源量と年生産量の関係から，年生産量が最大になる資源水準を求める方法，親と子の量的関係から，産卵親魚として残しておくべき量を推定する方法（Ⅵ. 参照）などがその例である．また漁獲係数 F や漁獲開始年齢 t_c と加入量当たり漁獲量 Y/R の関係から，乱獲かどうかを判断するのも資源診断法の一つである．

II. 資源と漁業の関係の理論

　図 2-3, 図 2-4 には, Y/R と F あるいは t_c の関係を別々に示した. もちろんこのようにしても, 現在以上に漁獲を強めると漁獲量が増加するか減少するかを判断することはできる. しかし, すでに述べたように, F と t_c の組合せが問題になるので, 別々の図では十分な表現はできない. ところで, 漁獲の状態は 2 つの要素によって定められる. 一つは間引きの強さ, 他の一つは魚体の大きさや年齢に対する選択性である. 底曳き漁業の場合, 間引きの強さは F で, また選択性は t_c で表される. そこで, F を横軸に, t_c を縦軸にとった 2 次元の平面を考えると, その平面上の 1 点である漁業の状態を表すことができる. そして, 必要なパラメタの値がわかっている時は, そのような漁業の状態の時の Y/R を, すでに示した式によって計算できる.

　$F-t_c$ 平面上に Y/R をどのようにして表現するかは問題だが, 地図の上で地形を表現することを考えればよい. 地図の上には等高線が引いてある. その

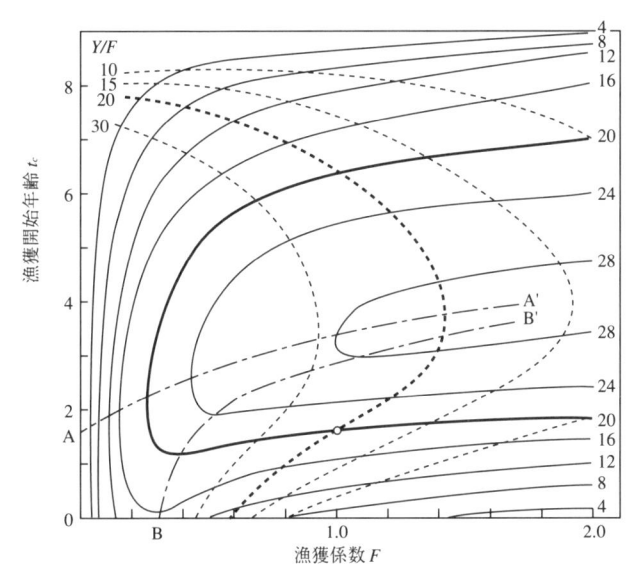

図 2-5　加入量当たり漁獲量 (実線) および努力当たり漁獲量 Y/F (破線) の等量線図.
　　　　$M=0.2$, $K=0.5$, $t_d=9$ (田中, 1998)

等高線の並び方を見ると，どこが山でどこが谷で，斜面がどちらの方向にどのくらい傾斜しているか，山は険しいかなだらかか，などがわかる．$F-t_c$ 平面上に Y/R の値を等高線で示すのである．このような図を等漁獲量曲線図と呼ぶ．一例を図 2-5 に示す．この図で実線が等漁獲量曲線である．曲線の形はパラメタの値によって異なるが，一般にこの図のように F が高く，t_c が中程度の時に Y/R が最も高い．$F=0$ あるいは $t_c=t_d$（寿命）の時，言い換えると漁獲の行なわれていない時は当然漁獲量は 0 で最低である．山の頂上付近は，等量線の間隔が開いており，傾斜のゆるやかなことを示している．

　この立体的な図形を，横軸に平行な直線を含み $F-t_c$ 平面に垂直な平面で切った断面を見ると，F と Y/R の関係が現れる．つまり図 2-3 の F に対して示した曲線である．この曲線はある F の所で極大を示すが，その極大点を結んだ曲線が図中の BB' である．BB' は，横軸に平行な直線が等量線に接する点を結んだ曲線でもある．縦軸に平行な方向で切った断面には，図 2-4 と同様な t_c と Y/R の関係が現れる．この曲線も t_c のある値の所で極大を示すが，この点を結ぶと図中の AA' 曲線となる．この曲線は，縦軸に平行な直線が等量線に接する点を結んだ曲線でもある．

　この等量線は，加入当たり漁獲量の等量線であるため，ある年級群の総重量が，漁獲を加えない状態で一生の中で最大になる瞬間に，全部とり尽くしてしまうと，最大の漁獲が得られる．t_c の中程度の値の時に F を無限に大きくしていくと，山が最も高くなるのはこのためである．しかし実際には，漁獲を無限に強くすることは，経済的にできることではない．なぜならば，漁獲を強めると資源量は減少して，努力当たり漁獲量が減少し，経費を償い得なくなるからである．等量線図を漁獲量の上からだけでなく，努力当たり漁獲量の面からも見る必要がある．すでに述べたように，$F=qX$ の関係により，努力量は漁獲係数に比例するから，努力当たり漁獲量の形は Y/F（ここでは実際は $Y/(RF)$）で見ればよい．この等量線を図 2-5 中に破線で示した．F の小さい所で資源量が大きいから，この図では左の方で Y/F が高く，右へ行くほど低くなる．

現在の漁業の状態が $F = 1.0$, $t_c = 1.6$ であったとすると，この点は図中の小円となる．この点を通る等漁獲量曲線および等努力当たり漁獲量曲線を太線で示した．現在点付近で等漁獲量曲線はほぼ横軸に並行に走っているので，漁業の状態を横方向，すなわち F を変化させる方向に移動させても，漁獲量の変化はあまりない．一方 t_c を大きくして，図中の上の方向へ移動させると，漁獲量が増加する．そして同時に，努力当たり漁獲量も増加する．漁業がこのような状態にあれば，網の目合を大きくして，t_c を引き上げることが最も得策である．

4. 資源量指数と有効努力量

漁獲のモデルを説明したところで，魚が海域中に一様に分布していると仮定した．しかし実際には，魚の分布は一様でなく，そのために努力当たり漁獲量が正しい資源量の目安を与えないことがある．この問題を考えてみよう．

今 I，II 2つの海区を考える．海区の面積は A_1, A_2 である．それぞれの海区にある魚種が棲息していて，その数は N_1 および N_2 である．それぞれの海区の中での魚の分布は均一である．したがって，その密度は $d_1 = N_1 / A_1$, $d_2 = N_2 / A_2$ である．I区の方がこの魚種の主分布域だから d_1 が d_2 より高い．曳網当たり漁獲量は，前に述べたように有効曳網面積を (ks) とすると，I区では $d_1 ks$，II区では $d_2 ks$ である．曳網回数が I区で X_1，II区で X_2 だとすると，総漁獲量 Y は

$$Y = Y_1 + Y_2 = ks(d_1 X_1 + d_2 X_2)$$

である．ここで全域の曳網当たり漁獲量を考えると，$X = X_1 + X_2$ として

$$Y / X = ks(d_1 X_1 + d_2 X_2) / (X_1 + X_2)$$

となる．ks は一定であるから無視すると，努力当たり漁獲量は I区および II区

の密度の，努力量を重みにした加重平均であることがわかる．一方，I, II両区を通しての平均密度は

$$d = N/A = (N_1 + N_2)/(A_1 + A_2)$$
$$= (d_1A_1 + d_2A_2)/(A_1 + A_2)$$

であるから，両区の密度の面積を重みにした加重平均である．ここでもし魚の分布が両区を通して均一で，$d_1=d_2=d$であれば，Xの両区への配分にかかわらず，Y/Xは正しい資源密度dの相対指数となる．また魚の分布が均一でなくても

$$X_1/X = A_1/A, \quad X_2/X = A_2/A$$

であれば，Y/Xはやはり資源密度に定数ksをかけたものとなる．すなわち，努力の配分がちょうど面積比に一致すれば，別の言葉で言えば努力の密度X_1/A_1, X_2/A_2が両区で等しければ，やはりY/Xは資源密度の指数となる．つまり，努力当たり漁獲量が正しく資源の密度の指数となり得るのは，魚が一様に分布しているか，あるいは努力の方が一様に分布しているときに限られるわけである．

　数値例を示そう．両区の面積は等しく，それぞれ単位面積であるとする．資源尾数は合計1万尾，努力量は合計10単位で，単位努力当たり漁獲率は0.001とする．ここで資源および努力が異なった比率で両区に配分された時Y/Xがどうなるかを見てみよう．資源も努力も均等に配分された場合，各海区について，資源量は5,000尾，単位努力当たり漁獲量は5尾，したがって漁獲量は25尾である．両海区を合わせると努力量10単位で総漁獲量は50尾，努力当たり漁獲量は5尾である．資源密度5,000尾のちょうど1,000分の1になっている．

　ここで，資源量が1万尾で，単位努力当たり漁獲量が0.001であるから，単位努力当たり漁獲量が10尾になりそうなのに，実際には5尾となっている点

に注意する必要がある．ここで単位努力当たり漁獲量とは ks/A のことである．今，それぞれの海区の面積を 1 としたので，$0.001 = ks$ と考えてもよい．ところが資源全体で考えると，海区が 2 つあるから面積は 2 となり，単位努力当たり漁獲率は 0.001 の 2 分の 1，すなわち 0.0005 となる．この値で計算すると努力当たり漁獲量は 5 尾となって，先に示した値に一致する．このことを別の言葉で言うと，努力量が漁獲率に比例するのではなく，努力量の面積当たりの密度が漁獲率に比例するといえる．単位努力をその密度に換算すると，海区ごとに考えると 1 であるが，両海区を合わせた場合 1/2 となる．先に述べた底曳き網による漁獲のモデルを思い出してみると，漁獲率に面積の関係する理由がよくわかるだろう．

　魚や努力の配分が均等でない場合のいくつかの例を表 2-1 に示す．魚や努力の分布の如何によって，努力当たり漁獲量は 10 から 0 まで変化する．そして，魚もしくは努力の一方が 0.5：0.5 と均等に配分されている時は，5 尾という正しい値を与えている．海区の数が 2 よりも大きくなった一般の場合にまでこの考え方を拡張して理論的に計算してみると，分布が均一であることは必ずしも必要ではない．要は魚の分布と努力の分布が独立で，その間に相関関係のないことが必要なのである．この表の努力当たり漁獲量の正しい値 5 尾に対する比は，努力量の有効度を表している．魚の分布も努力の分布も一方の海区に集中した場合，魚の分布に合わせて努力を効果的に配分すると，同じ単位努力で 2 倍の能率をあげることができる．努力の有効度は 2 である．一方，努力が魚の

表 2-1　魚や努力の配分による努力当たり漁獲量の変化
資源尾数：10,000 尾，　総努力量：10 単位，　$q=0.001$

努力配分	魚の配分 1.0：0	0.8：0.2	0.5：0.5
1.0：0	10	8	5
0.8：0.2	8	6.8	5
0.5：0.5	5	5	5
0.2：0.8	2	3.2	5
0：1.0	0	2	5

いない方に集中した場合は，この魚種に関するかぎり，努力はまったく無効，つまり有効度が0で，漁獲も0である．

もし魚と努力がある関係をもって分布していて，有効度が1でなかったとしても，分布の関係が毎年同様であれば，年々の有効度は一定となるから，相対的比較のためには努力当たり漁獲量は資源量指数として十分利用できる．古くから努力当たり漁獲量が利用されていたのは，一つにはこのような理由による．

有効度が変化しているような場合に，どうすれば正しい資源量の指数が求められるかを考えてみよう．考え方の出発点を，魚の分布と努力の分布が独立であるという条件に置く．どのような状態の時にこの条件が満たされるであろうか．漁業者は魚の分布に合わせて漁場を選択しているのであるから，ごく特殊な場合を除いて，このような条件を満たす状態は考えられない．しかしもし漁場全体というような大きなスケールで考えないで，ごく狭い範囲について見ると，様子はかなり違ってくる．全体の漁場の中には，ある狭い場がいくつかあって，そこには特定の時期に特定の魚が集まっている．漁業者はこのような場を求めて操業している．だから，もし空間のスケールをこの場の大きさより小さくしてしまうと，その中での努力の分布や魚の分布がでたらめになって，相互に独立だという条件が実際上満たされるようになるだろう．このような狭い海域を単位として考えると，努力当たり漁獲量が正しい魚群の密度を与えることが期待される．その意味では，海区分けは細かければ細かい程よいが，漁獲統計を集める技術上，あまり細分化することは不可能である．条件が完全に満たされるまで細分化しなくても，ある程度細かく分ければ，実用上十分だという段階があるだろう．

細かく分けられた小海区の中では，努力当たり漁獲量が資源密度の指数になっているとしよう．つまりiという小海区について$Y_i/X_i = ksd_i$と置く．密度に面積を掛けると総量になるから，i小海区の面積をA_iとすると，$A_iY_i/X_i = ksA_id_i = ksN_i$となって，この小海区の資源量の指数を与える．小海区別の値をこの魚種の分布する全小海区について加え合わせると，資源総量の相対的

指数が得られるはずである．すなわち，この指数を P_e で表して

$$P_e = \Sigma_i (A_i Y_i / X_i)$$

である．P_e を資源量指数と呼ぶ．P_e は実際の総資源量に ks を掛けた値になっている．ks の値が未知であっても，これが変化しない限り，P_e は総資源量に比例している．P_e/A は資源密度指数である．漁獲量は重量で与えられることが多いが，尾数で与えられている場合もある．当然のことながら，重量の場合は指数も重量を表しており，尾数の場合は指数も尾数をベースにしたものである．

ここで努力当たり漁獲量は資源密度の指数であるという基本にもどって考えてみよう．これを $Y/X = d_e$ と表現してみる．この式を書き直すと $Y/d_e = X$ となる．漁獲量の資源密度の指数に対する比として漁獲努力量が定義される．ここで密度の指数として P_e/A を適用すると，

$$X_e = AY / \Sigma_i (A_i Y_i / X_i)$$

はある種の努力量を表している．これを有効努力と呼ぶ．魚と努力の分布の相互関係を補正して，真に資源に作用した努力量の目安となっている．この有効努力 X_e に漁具能率 $q(= ks/A)$ を掛けたものが漁獲係数 F になっている．有効努力の密度 X_e/A は，各小海区での努力の密度 X_i/A_i を，それぞれの小海区の資源量指数 $A_i Y_i / X_i$ を重みにして加重平均したものとなっている．X_e の実努力 X に対する比を努力の有効度と呼ぶ．

III. 東シナ海・黄海の底魚
—— 獲り過ぎ論 ——

1. 戦前の底曳き漁業の変遷

　東シナ海・黄海の底に棲む底魚（そこうお）類に対する漁業は，日本において戦前に典型的な発展形態を示した数少ない漁業の一つである．漁業の典型的発展形態をモデル的に示すと，資源の発見，その開発，技術の発展，乱獲，新資源の開発，乱獲の広範化，漁業の衰退，低位安定というような段階の系列をあげることができる．東シナ海・黄海の底魚の漁業の歴史は，資源の開発と乱獲の歴史でもある．

　この漁業は，割合に組織だった資本漁業として発展してきたので，他の零細な漁業と違って，かなりよく資料が残されており，その歴史的発展過程に関する研究は多い．またその主体が底曳き漁業であるという点で，ヨーロッパの底曳き漁業を対象にして発展してきた水産資源学の諸概念や理論が，そのままの形で適用されるので，資源学の理論の応用の場としては好適な対象である．

　東シナ海・黄海には広大な大陸棚が広がっており，ここには多数の底魚が棲息していて，世界有数の好漁場である．これらの底魚を対象とした漁業は1897年頃から始まった．徳島県太平洋岸の漁民が，地元の漁場で行き詰まったため，長崎県五島に進出して，タイの延縄（はえなわ）漁業（釣り漁業の一種）を始めたのがその起こりである．漁船は次第に大型化され，漁場は沿岸からはるか沖合へと拡がっていった．20世紀に入る頃からは，汽船トロールが

導入され，1908年に英国から鋼船が購入され，その好成績が漁業の急速な発展をもたらした．汽船トロール漁業（底曳き漁業の一種）は極めて能率が高いため，沿岸漁業との間に摩擦を生じ，沿岸での操業が禁止され，漁場は朝鮮海峡から東シナ海，黄海へと拡がっていった．1912年には，禁止区域はさらに拡大され，東経130度以西でのみ操業することが許されるようになった．東シナ海・黄海の底曳き漁業のことを，水産関係者が以西底曳き漁業と呼んでいるのはこのためである．

　汽船トロール漁業の発展は目覚ましく，1913年には142隻にも達した．主要な漁獲対象は高級なタイ類であった．そして沿岸の資源が減少するにつれて，沖へ沖へと漁場を拡大し，タイ資源を開拓していった．このように漁船数が増加して競合が激しくなり，また漁場が遠くなって漁獲物の鮮度が落ち，価格が下がるという困難が生じてきた．そこへ第1次世界大戦が勃発して船の価格が高騰し，次々と外国に売り払われて，1918年にはトロール船の数はわずかに6隻になってしまった．政府はこれを機会に，トロール船の総数を70隻以内と定め，漁船の乱立を押さえることとした．漁船数の減少から，漁業の利益は高い水準に回復し，漁船数は再び増加して，1923年には限度の70隻に達した．

　その後，英国から新式の漁具が導入されたり，ディーゼル機関が普及したりして能率が一段と高められ，資源に対する圧力がだんだん強くなって，1930年頃には，高級なマダイ，チダイ，レンコダイなどのタイ類資源は著しく減少し，代わって下級のグチ類，エソ類，サメ・エイ類など，かまぼこの原料となるつぶしものが主要対象魚になってきた．1928年には東シナ海・黄海および渤海湾の全域がほぼ開拓し尽くされた．そしてつぶしものを含めた資源全体が1930年頃から減少に転じた．

　2そう曳き機船底曳き網漁業は，トロール漁業と異なり，日本において在来の漁具から改良され発達した漁業で，1920年頃から東シナ海・黄海の漁場に出現した．この漁業には隻数の制限がなかったため，漁船数は急速に増加し，1937年頃には1,000隻を越えるに至った．このように強大な漁業の資源に与

III. 東シナ海・黄海の底魚

えた影響は大きく,下級つぶしもの資源まで減少してしまったのは,これらの底曳き船による強い漁獲の結果であると考えられるが,トロール船のような詳しい操業の記録が残されていないため,詳細はわからない.

操業の記録がよく残されているトロール漁業について,いくつかの資源の動向をみてみよう.図 3-1 にレンコダイなど数種について,漁獲量および曳網 1 回当たりの漁獲量を図示した.ここで曳網 1 回当たり漁獲量は,単位努力当たり漁獲量に相当し,資源量のおおよその目安と考えてよい.最も早く,かつはげしい減少を示したのはレンコダイである.漁獲量も曳網当たり漁獲量も 1920 年頃から減少を示し,5,000 トンを越えていた漁獲量は,1930 年にはほとんど皆無となってしまった.レンコダイの主漁場が九州寄りおよび大陸棚の縁辺近くにあり,東シナ海・黄海の開発が進んで,漁場が大陸寄りに拡大し,漁獲努力があまりレンコダイに向けられなく

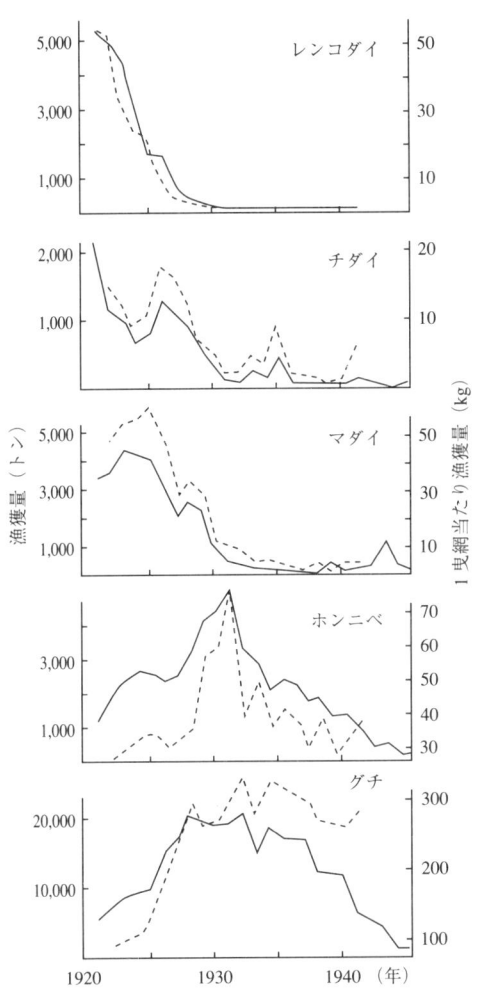

図 3-1 東シナ海・黄海におけるトロール漁業の魚種別漁獲量(実線)および 1 曳網当たり漁獲量(破線)(西海区水産研究所,1951;田中,1998)

― 33 ―

なったことが，このような極端な1曳網当たり漁獲量の減少の原因の一つであって，実際の資源量はそれほど減ってはいないと思われるが，資源が相当に減少したことは間違いない．同じタイの仲間のチダイも1920年頃からすでに減少の傾向を見せている．2,000トンもあった漁獲量は，1930年代に入ると300トン以下に下がってしまい，曳網当たり漁獲量も同様に減少した．マダイの漁獲量は1925年頃から目立って減少を始め，4,000トン以上もあった漁獲が1931年以降1/10以下に落ちてしまった．曳網当たり漁獲量もこれに平行して減少している．タイ類の資源は，1930年頃までにほとんど獲り尽くされてしまったといえる．

　壊滅してしまったタイ類資源に代わって登場してきたのが，ホンニベやグチ類などである．これらの漁獲量および曳網当たり漁獲量は，ともに1930年頃まで上昇している．努力当たり漁獲量の増加は，資源の増大ではなく，漁場の開発を意味している．タイ類がほとんどいなくなった1930年頃までに，これら資源の漁場開発は終わった．そしてそれ以後漁獲量は漸減している．この減少の原因の一部は曳網回数の減少によるもので，したがってグチ類では，曳網当たり漁獲量は1928年以降約300 kgの水準に維持されていた．一方，ホンニベ資源はかなり急速な減少を示した．曳網当たり漁獲は，1931年には最高の80 kgにも達していたが，1934年以降はその半分以下の水準に下がってしまった．タイ類に代わって開発された資源も1930年頃までには開発が終わり，一部の資源はかなり急速に減少を示したのである．

2. 戦後の漁業，その発展と衰退

　戦争が始まると，漁場が狭められたり，漁船が徴用されたりして，漁獲努力は急速に減少し，トロール漁業の場合5万5千回を越えていた年間曳網回数は1941年には2万3千回，1942年には1万5千回にまで減少した．1944年から1946年までは，漁業は壊滅状態となり，統計資料も利用できない．戦争が

終わったときに残っていたのはトロール船が7隻，底曳き船151隻という悲惨な有様だった．戦前以上に整備された形で統計が利用できるようになったのは1947年からである．

　戦後直ちに漁業は再開されたが，占領軍によって漁場が日本近海に制限されていた．いわゆるマッカーサー・ラインである．その狭い漁場の中で操業を再開してみると，レンコダイ，シログチ，ホンニベなど，戦前に資源の減少の著しかった魚種で，曳網当たり漁獲量が2倍ないしそれ以上にも回復していた．中でもレンコダイは10倍以上にもなっていた．前にも述べたように，レンコダイは日本寄りに主漁場があり，マッカーサー・ラインによる漁場の制限で，操業がかえってこの主漁場に集中し，見かけ上曳網当たり漁獲量が高くなったということは否定できないが，戦争中の実質的な休漁の期間中，相当に資源が回復したことは間違いない．

　漁業が再開されるにあたって，戦前の乱獲の過ちを繰り返すまいという気持ちが広く科学者の間にあった．戦前に残された諸資料を解析して，東シナ海・黄海の底魚資源について，笠原（1948）は漁獲努力を1928年の水準に押さえること，全沿岸域の禁漁，タイ類の漁獲量制限を提案した．田内（1949）は，適正な漁獲量の水準として1940～41年頃の値がよいと推定した．山本（1949）は，1949年当時の漁船数が，マッカーサー・ラインが撤廃になった後においてもなお過大であるとして，減船の必要性を主張した．

　これらの警告にもかかわらず，漁業は成長を続け，漁獲量も増大した．その様子を，二そう曳き機船底曳き網について，図3-2に示す．曳網数は1947～49年の3年間著しく増大したが，その後1951年までわずかに減少した．漁獲量もこれと同じような経過をたどった．1曳網当たり漁獲量はかなり急速に下降し，戦争中の休漁による資源の蓄積が示された．この期間は，戦争終結直後の急速な復興と，マッカーサー・ラインによる漁場の規制によって特徴づけられる．1952年にマッカーサー・ラインが撤廃されてから，漁業は順調に発展した．曳網回数は直線的に増加し，漁獲量もこれにつれて増加を続けた．その

間1曳網当たり漁獲量は，ほとんど一定に保たれた．このような発展は1960年まで続いた．

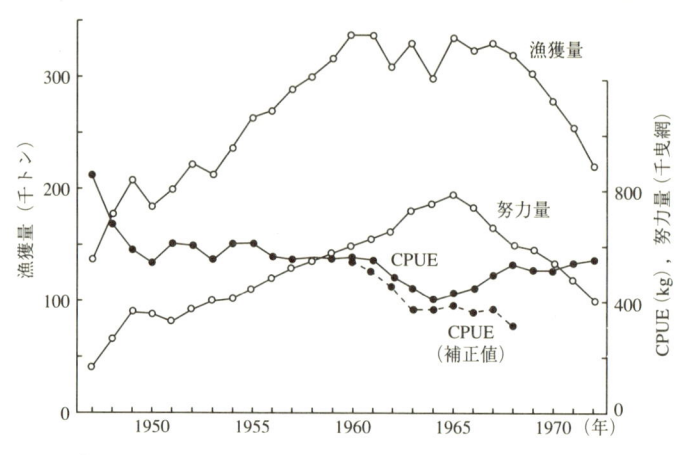

図3-2 東シナ海・黄海の機船底曳き網漁業の漁獲量，努力量（曳網回数）および1曳網当たり漁獲量（CPUE）（田中，1998）

　この年を過ぎてから様子は一変した．曳網回数はなお直線的増加を続けたが，総漁獲量は伸びなやみ，1曳網当たり漁獲量は減少を始めた．曳網数の増加は1965年まで続いたが，その翌年からはかなり急速な減少に転じた．このような努力量の急減は，北洋でのスケトウダラの著しい漁獲増のため，東シナ海・黄海のいわゆるつぶしものの価格が下落し，経営状態の著しく悪くなったことが関係している．曳網回数の減少とともに，1曳網当たり漁獲量の低下は止まり，むしろ漸増傾向を示した．しかし曳網回数の減少は続き，総漁獲量も急速に下降した．1972年の総漁獲量は22万トンと，最高値の36万トンの6割にまで減ってしまった．1曳網当たり漁獲量は，1964年を最低として増加し，1968年以降は，1960年以前の水準に近いところまで回復したが，この増加は見かけ上の回復であって，真の資源量の回復を意味しないものと考えられている．つまり，この間に装備が著しく改善されており，漁船の漁獲能率が相当に高まったと思われるからである．真道・八木（1970）がこの点を考慮して，努力当たり

Ⅲ．東シナ海・黄海の底魚

漁獲量を補正したところでは，1963年以降もその値は横這いを続けており，けっして増加はしていない．この漁業の漁獲量は1980年まで20万トン前後で，低位安定を保っていたが，その後は減少が続き，1995年の漁獲量はわずか4万トンである．

戦後1970年代の初めまでの魚種別漁獲量の変化も顕著である．図3-3は魚種組成の変化を図示したものである．ここに示した魚種は統計分類上の魚種で，生物学的な種組成を意味しないが，戦後間もなくの頃は，それぞれの魚種グループがほぼ等しい割合を占めており，1～2の種が優勢であるというようなことはなかった．しかし，タイ，ホウボウ類，フカ・エイ類の割合は急速に減少し，これに代わってキグチ，タチウオ，ハモが増加した．特にキグチは1950年代，1960年代を通して，東シナ海・黄海の漁場で最も優勢な魚種となった．そのキグチも，1950年代の後半を頂点にして下がり傾向を示し，1960年代の末期には，代わってタチウオが主要な魚種となった．これらの魚種組成の変化

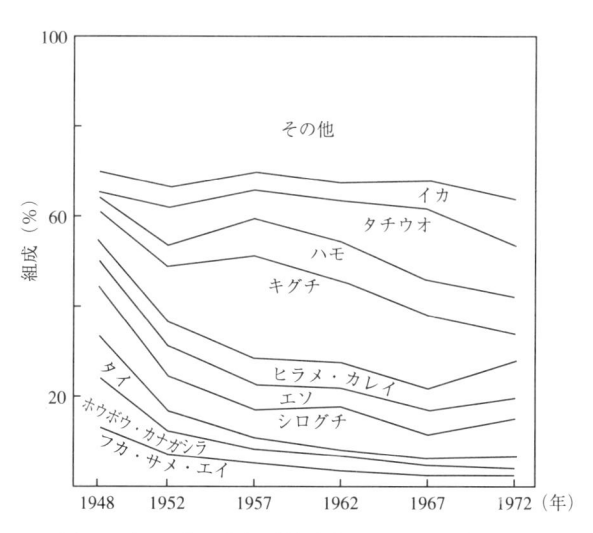

図3-3 東シナ海・黄海の機船底曳・トロール漁業による漁獲物の魚種組成の変遷（田中，1998）

の原因は明らかでないが，一部の資源が乱獲によって著しく減少した結果，一方で漁船が新しい魚種を求めて漁場を変えていったこと，および他方で魚種間の複雑な関係を通して魚類群集の中で再編成が起こった結果であろうと考えられている．

3. 底魚資源の研究

戦後 1948 年にイワシ類の組織的資源研究が開始されて以来，そのほかのいろいろな魚種についても，次々と研究が開始された．東シナ海・黄海の底魚資源の組織的研究は，1950 年の西海区水産研究所の発足と同時に始まった．なお漁獲統計については，既に 1947 年から当時の水産局福岡事務所の手によって，詳細な統計が集められ，出版されていた．レンコダイ，シログチ，キグチ，クログチ，エソ，ニベ，ハモの 7 種を重要魚種として，大規模な魚体調査や，成長，成熟，食性などの各種の生物学的研究が行なわれた．東シナ海・黄海の底魚は種類が極めて多く，上記の 7 種の主要魚種を取り上げても，総漁獲量の中に占める割合がせいぜい 4 割程度に過ぎず，底魚群集の研究の難しさが理解できる．研究対象魚種には，その後の魚種組成の変化もあって，タチウオ，イヌノシタ，サメ類，カレイ類，コウイカ，ホウボウが追加された．1958 年にはマダイも加えられた．

魚体調査は，体長組成を推定して，これから年齢組成を求めるためのもので，漁獲量，努力量統計調査と並んで，最も基本的な調査である．東シナ海・黄海の底魚資源の研究においては，他の資源研究に比べて，徹底した方法で行なわれた．この漁業は，比較的少数の大型の漁船で操業されており，根拠地も下関，長崎，福岡に 80％以上が集中しており，水揚物の調査をするには適していた．土井長之博士らの設計した魚体標本の抽出は，完全に確率化された本格的なものであった．漁場から水揚地に入港してくる船に入港順に一連番号を付し，定められた間隔で調査対象の入港船を抽出する．抽出間隔は 10 隻ないし 20 隻程

度であった．入港船は岸壁につくと，魚種別に函づめになった漁獲物をコンベヤで水揚する．調査員はその現場で，魚種別に函の数をかぞえ，魚種ごとに定められた間隔で，調査対象魚函を抽出する．抽出間隔は，たとえば漁獲量の多いシログチでは季節によって50函ないし200函間隔，漁獲量の少ないニベでは3函ないし20函と定められていた．このようにして確率的に抽出された魚函について，その中の半分の個体の体長を測定する．

　この間水揚作業は続けられており，調査のために水揚を邪魔することはできないので，短時間に手軽に体長測定が行なえるように，セルロイド板穿孔法がとられた．物差を張りつけた板の一端に別の小さな板を直角になるように打ちつけ，魚体をその口の先端が直角の板に触れるように置いて，尾びれの先の位置を記録するのであるが，この場合，板に張りつけておいたセルロイド板に錐で穴をあける方法をとる．このセルロイド板は実験室に持ち帰って，後で体長を読み取ることになる．この方法を用いると，数百尾の体長を短時間で測定できる．このようにして測定された魚体数は1951年度1年間で7魚種合わせて45万尾以上に達した．このような大規模な組織的調査には，ヨーロッパで資源研究の歴史を誇る英国ロストフの水産研究所の科学者も驚いていたという．

　確率的抽出法は，標本調査法の理論からいってすぐれたものであるが，大変な労力を要する．漁船は普通早朝に水揚する．研究者も早朝から魚市場につめかけていなければならない．入港船は定められた間隔で無作為に抽出されるので，日曜も休日もない．当時の若い研究者達は，学生アルバイトの手を借りながらも，体をはってがんばっていたという．しかしそのような無理は長続きできない．また，このために十分な人員が配置できれば問題はないが，ただでさえ不十分な数の研究者を魚体調査に振り当ててしまうと，肝腎の生物学的研究が進められないことになる．そのような事情から，1954年にはこの標本調査法は中止されてしまった．幸い，漁獲物は大中小などの銘柄によって分けられており，銘柄別の統計が得られていたので，銘柄ごとの体長を調べることによって，間接的に体長組成を推定する方法がとられることになった．

これらの研究成果は，多くの報告となって発表され，東シナ海・黄海の底魚資源の管理についても種々の提案がなされた．ここでその一部を紹介しよう．

4. 底魚資源の診断

　東シナ海・黄海の底魚重要 7 魚種についての研究の結果，各種のパラメタの値が得られたので，これら 7 魚種について等漁獲量曲線を描くことができる．各魚種の成長曲線にベルタランフィーの成長式が当てはめられて，l_∞ および K の値が推定されている．魚の寿命 t_d に関しては，それぞれの魚種について知られている最高年齢がその目安となる．なお t_d の値は結果にはさほど影響しない．漁獲開始年齢 t_c は，体長組成と成長曲線から求められる．体長組成は，最小の魚体が最も多く，大きいものほど少なくなるという形にはなっていない．それは，若齢魚はまだ十分に漁獲の対象とならず，したがって漁獲物中には正しい数が反映されていないからである．ある年齢に達して初めて完全に資源に加入して，全ての個体が漁獲対象となる．だから漁獲開始年齢としては，近似的に，初めて一部が漁獲されだす年齢と加入が完了する年齢の中間をとる．体長組成で言えば，最小体長に対応する年齢と，数が最大となる体長に対応する年齢の中間の値を以て漁獲開始年齢とすればだいたいよい．

　年々の生残率あるいは全減少係数 Z については，いろいろな文献から引用できる．一部の魚種では，文献によって Z の値が大きく異なっており，また年によっても漁獲の強さが違えば異なった値をとるはずである．種々検討を加えて，1950 年代半ば頃の Z の値を決めた．魚種によって異なるが，0.6 ないし 1.0 という値となった．自然死亡係数 M の値はごく一部の魚種についてしか得られておらず，その信頼度も低い．M の値は寿命と関係があり，寿命が長いほど小さいはずである．信頼できる M の値の推定されている例について，寿命と M の値の関係を求め，この関係と先に魚種ごとに求めた t_d の値から M を推定してみた．魚種により 0.2 ないし 0.4 の値が得られたが，一部の魚種では寿命が

III. 東シナ海・黄海の底魚

過小推定され，したがって M の値が過大に推定されていると考えられた．このような考察の結果から，0.2 ないし 0.3 という値を魚種ごとに仮定した．

Z や M の値については，推定値というよりは仮定とも言うべき値であるが，とにかくこれで等漁獲量曲線を計算するのに必要なデータがそろったことになる．このようにして計算した結果を描いたのが 図 3-4 である．ここでは等量線を何本も描くと見にくくなるだけなので，現在点を通る等漁獲量曲線および等努力当たり漁獲量曲線だけを示した．また，現在の漁獲量より 2 割増の等漁獲量曲線を破線で示した．

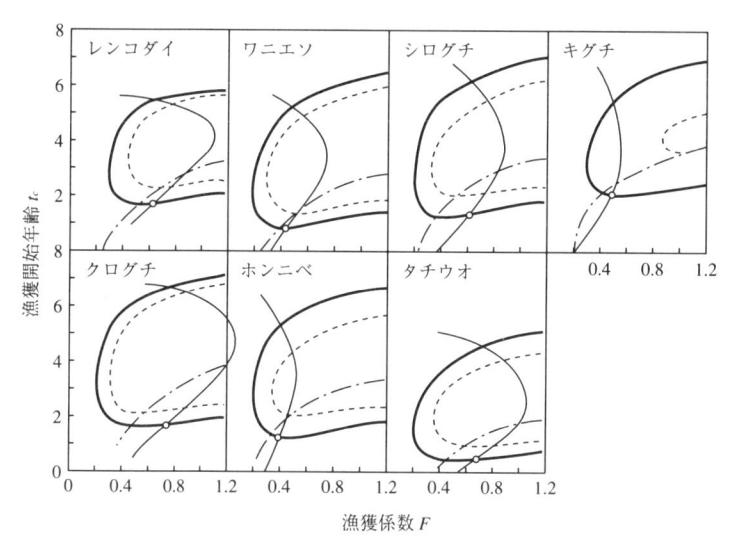

図 3-4 東シナ海・黄海の重要底魚 7 種についての等量線図．太実線：漁獲量，細実線：努力当たり漁獲量，破線：漁獲量 2 割増（田中，1998）

図中の小円が現在点である．この点付近で等量線はほぼ横軸に平行に走っている．努力の変化はあまり漁獲量に影響せず，網の目合の拡大による漁獲開始年齢の引き上げが効果的である．キグチを除いて，半年から 1 年程度の漁獲開始年齢の引き上げによって，2 割の漁獲増が期待される．図中の鎖線は，図 2-5 の BB' 曲線に相当し，同一の漁獲開始年齢で最大の漁獲の得られる漁獲係数

F の値を示している．現在点は全てこの線の右側にあり，F がやや強すぎ，乱獲になっていることを示している．しかし漁獲開始年齢を半年ないし1年引き上げると，漁獲の強さを弱めなくてもほぼ BB′ 曲線に乗り，最適な漁獲の強さとなる．ここで半年ないし1年引き上げた漁獲開始年齢がどのくらいの網の目合に相当するかを見ると，魚種によって異なるが，網目の内径で 100 mm から 120 mm くらいである．当時用いられていた網の目合は 36 mm ないし 54 mm であった．

現在点を通る等漁獲量曲線および等努力当たり漁獲量曲線に囲まれた領域，つまり図中で太い実線と細い実線で囲まれた領域では，現在より高い漁獲量が，現在より高い努力当たり漁獲量で得られ，したがって資源状態の改善される範囲となっている．キグチ，ホンニベを除いて，他の魚種ではこの領域が広く，資源状態改善の余地は大きい．キグチでは，漁獲量の増大はあまり見込めず，現在が最適状態に比較的近いと考えられる．

ここに示した等量線図は，いろいろな仮定に基づいて描かれているので，この結果の細かい内容を議論することはあまり意味がない．また現在点付近で得られたいろいろな値に基づいて計算されているから，現在点から遠くなるほど，図の等量線と実際は合わなくなるだろう．さらに，ここで言う漁獲量は，加入量当たり漁獲量であるから，漁獲の強化とともに網の目合いを拡大すると漁獲量が増大することになっているが，このような漁獲の強化は産卵親魚を減らし，加入量に影響し，結局実際の漁獲量の減少をもたらす可能性がある．したがって，等量線図全体をそのまま信じるわけにはいかない．しかし，少なくとも現在点付近で等漁獲量曲線が横軸にほぼ平行であること，したがって漁獲開始年齢の引き上げが必要なことは疑う余地がない．中にはキグチのようにあまり効果の期待できないものもあるが，それでも網目の拡大は合理化の方向に一致している．結論的にいって，東シナ海・黄海の底魚資源に対する診断は，小型魚の獲り過ぎということになる．漁船勢力を削減する必要はあまりなく，網の目合の大幅拡大が必要である．

この資源診断は，1950年代半ば頃の資料に基づくものである．上記の計算以外にも大勢の研究者によって資源診断が試みられ，ほぼ同様な結論が得られた．1959年9月，東シナ海・黄海の底魚資源の研究を担当している水産庁西海区水産研究所（長崎市）の研究者と業界との間に資源保存対策委員会が設けられ，資源管理対策が検討された．業界の内部での利害が複雑に対立し合って，研究者の提案はなかなか受け入れられなかったが，1963年秋から業界による自主規制によって，網目規制が実施され，それまで網目の内径が36 mmであったものが54 mmにまで拡大された．もちろんこの程度の目合の引き上げでは不十分で，資源状態は悪化し，先に述べたように，1960年代の後半から漁業の急激な衰退が始まったのである．

　ここでは話を簡単にするために，日本の漁業についてだけ論じているが，東シナ海・黄海の資源はこの海をとり囲む諸国によって利用されており，特に1960年代以降の日本のシェアはむしろ低い．資源の乱獲にはこれらの諸国の漁業が全てかかわっている．また日本の漁業の衰退には，先にも述べたように北洋漁業やスケトウダラもかかわっている．

5．レンコダイの資源量指数

　先に，レンコダイなどタイ類資源が乱獲され，曳網当たり漁獲量が1930年頃までに著しく減少してしまったことを述べた．そして特に減少の激しかったレンコダイについて，曳網当たり漁獲量の減少が，この漁業の主漁場がレンコダイの主分布域を外れたことによっても引き起こされたとして，曳網当たり漁獲量が正しく資源量を代表しないことを指摘した．だから，戦後マッカーサー・ラインによって漁場がレンコダイの主分布域である日本近海に制限されると，曳網当たり漁獲量は実際の資源量の増加以上に大きくなったのである．このような場合，資源量の目安として資源量指数を用いなければならない．

　戦前については，この指数を計算できるような小海区別の詳細なデータがな

いので，戦後の2そう曳き機船底曳き網について，レンコダイの資源量指数の季節変化を見た例を示そう．魚群は季節的に回遊し，漁場も季節によって移動する．このような時，努力当たり漁獲量だけでは正しい季節変化がわからない．図 3-5 は，月別の資源量指数などを図示したものである．この漁業の場合，緯度，経度 30 分ますめの小海区ごとの魚種別漁獲量と曳網回数の統計が月別に集計されているので，指数の計算に都合がよい．緯度，経度 30 分のますめは，漁場の広さや魚群の分布域の大きさに比べて十分に小さいと考えられる．ここに示した期間中の利用ますめの数は，季節により変化するが，150 前後であった．

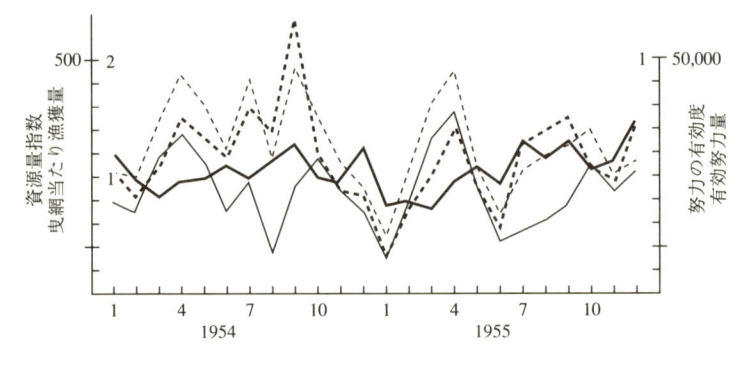

図 3-5 レンコダイの資源量指数（太実線），有効努力量（細実線），曳網当たり漁獲量（太破線），努力の有効度（細破線）（田中，1998）

曳網当たり漁獲量は，月により魚函単位で 0.30 から 2.38 と 8 倍もの大きな変化を示している．これは，機船底曳き網漁業の主漁場が，夏場はレンコダイの多い南に偏り，冬場はレンコダイのいない黄海の北部の方にまで拡がるために生じたものである．資源量が数ヶ月でこのように大きな変動をすることはあり得ない．一方，資源量指数は，30 分ますめの面積を単位として同じく魚函数で数えて，180 ないし 369 となり，最低と最高の比率は 1：2 となった．9月頃に高く 3 月頃に低くなる傾向は残っているが，若齢群が春から秋にかけて資源に加入してくること，およびレンコダイの年死亡率が約 70％にもなるこ

とを考えると，実際に資源量がこの程度の季節変化をすることは当然であろう．有効努力量の季節変化はかなり大きいが，これは有効度の変化による面が大きい．有効度は24%から98%の間を変動しており，全て1より小さい．つまり漁獲努力はレンコダイの分布していない所に多く集まっている．このことは，東シナ海・黄海の底曳き漁業で，レンコダイが努力の分布を決定するような主要な魚種の地位にないことを示している．

IV. サンマ
―― 動きまわる魚群 ――

1. サンマという魚

　サンマは奇妙な魚である．日本人には非常に馴染みの深い魚で，古くから多くの研究がなされているのに，未だわからないことがあまりにも多い．サンマの漁獲量は変動が大きい（図4-1）．サンマは太平洋を北上して，夏には餌の豊富な北海道，千島沖に達する．そして9月に入ると南下を始め，油ののった秋サンマはその回遊の途中，北海道，三陸，常磐の沖で集中的に漁獲される．戦前のサンマ漁獲量は1万5千トンから2万5千トン程度であった．漁法は主として流し刺し網といって，多くの網を海に流して，これにサンマが首を刺して動けなくなったところを漁獲するという方法であった．戦後，集魚灯を付けて，魚群が集まったところをすくい取る棒受け網が導入され，漁獲量は急激に

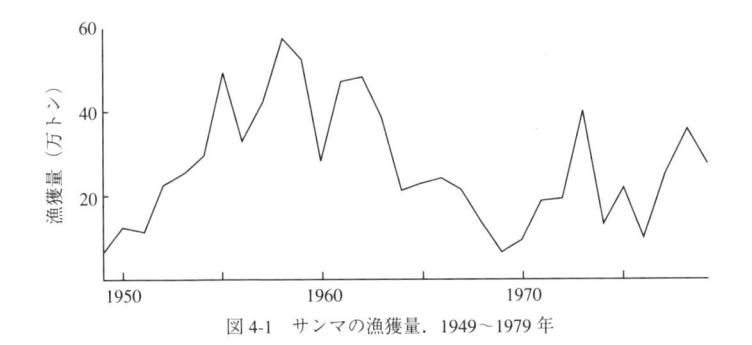

図4-1　サンマの漁獲量．1949～1979年

増加した．1948 年には 6 万 6 千トン，1950 年には 12 万トンに達した．1955 年から 1963 年に至る 9 年間は，毎年激しく変動しながらも，40 万トン前後の漁獲が続いた．ところが 1964 年には前年の半分近くにまで下がり，その後下降線をたどって，1969 年には 6 万トンを割る記録的不漁となった．その後サンマ資源は回復に向ったが，1973 年と 1978 に 40 万トン程度の漁獲があったほかは，20 万トン前後で変動している．1980 年代に入ると，20〜30 万トンで漁獲はむしろ安定している．この漁業は，漁期が短く地域的にも限られているため大量貧乏になりやすく，豊漁は必ずしも歓迎されない．

戦後 1950 年頃，サンマの漁獲増が乱獲をもたらすのではないかと心配する声があったが，結果から見ると杞憂に終わった．サンマ資源の組織的研究は 1950 年頃に，塩釜にある東北区水産研究所が中心になって始められ，北海道区水産研究所や関係県の水産試験場との協力により，漁獲物の体長その他の魚体調査や，漁獲量や努力量の聞き取り調査などが行なわれた．これらの資料を用いた栗田晋博士らのサンマ資源の数量動態研究も 1958 年頃から始まった．

サンマの漁獲物の体長組成には，いくつかの山が認められ，それぞれの山に対応して，型が分けられている．最も普通に見られるのは，体長 31 cm くらいに山のあるだいたい 29 cm 以上の大型と，26〜27 cm に山のある 24〜29 cm の中型である．20〜24 cm の小型は，年により量的には変動するが，ほぼ毎年見られる．時には 32 cm 以上の大きなものが混じることもある．これらは特大型と呼ばれる．1969 年の最低の漁獲を記録した後，漁獲が再び 19 万トンに回復した 1971 年には，20 cm 未満の小さなサンマが多獲された．これらは極小型あるいはジャミサンマと呼ばれる．

これらの各型の現われ方は年によって異なる．1952 年以来の体長組成を図示すると図 4-2 のようになる．1952 年や 1953 年のように，中型が主体の年がある一方で，1964 年のように大型が圧倒的に多い年もある．1957 年から 1960 年までは豊漁時代の半ばに相当するが，大型も中型も共に相当の量で出現した．このことが豊漁の一つの原因になっている．1961 年から 1967 年までは，奇数

IV. サンマ

年に中型が多く，偶数年に大型が多いという各年変動が見られた．そして不漁が一段と深刻になり，漁獲量が 20 万トン以下に下がった 1968 年以降は，中型の山の位置が 25 cm 以下となり，体長組成の上からも変調が見られた．かつてこれらの型は年齢に対応していると考えられていた．畑中（1955）や久保・武藤（1955）は，サンマの鱗にできる輪などを調べて，小型，中型，大型をそ

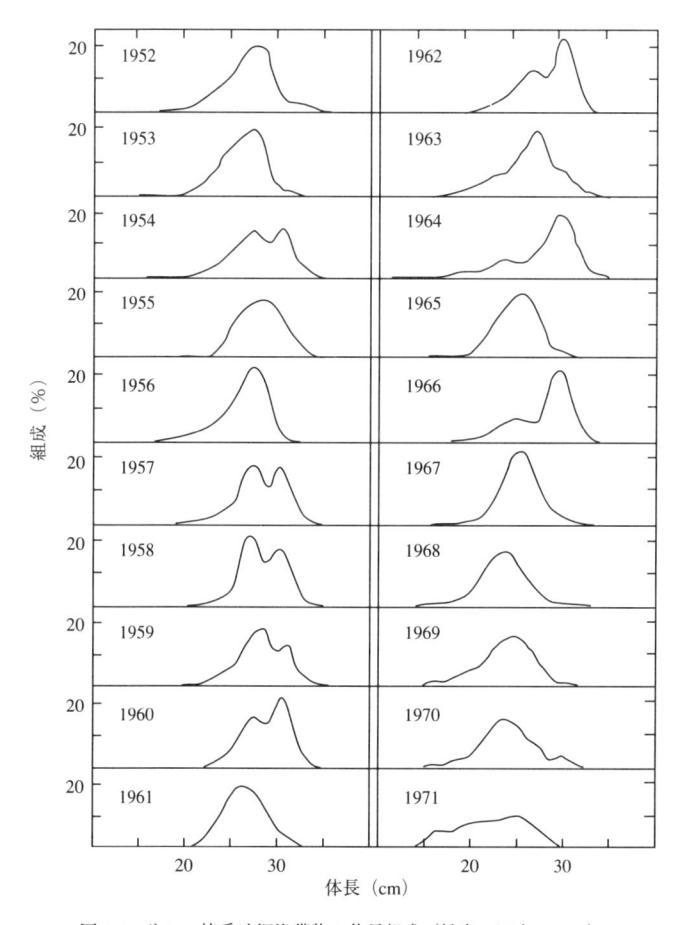

図 4-2 サンマ棒受け網漁獲物の体長組成（松宮・田中，1974）

れぞれ2歳, 3歳, 4歳と考えた.

　その後, 小達 (1956, 1962) の脊椎骨の数に関する研究や, 菅間 (1957) の耳石にできる輪紋の研究から, 大型と中型はかなり性質が異なっており, 中型が1年たつと大型になるのではないと考えられるようになってきた. 古くから, 大型は秋のサンマの漁期中にすでに卵の成熟がかなり進んでおり, 三陸, 常磐沖を南下しながら秋に産卵するらしいこと, 中型は漁期中にはまだあまり成熟しておらず, 冬から春に関東以南の海域に下がってから産卵するらしいことが知られていた. このように産卵期や産卵場が異なっており, また脊椎骨や耳石の模様も違っていることから, 堀田 (1960) は, 大型は秋生まれ, 中型は春生まれで, 系群が異なっていると考えた. そしてサンマの年齢を, 秋の漁期の南下回遊の時点において, 大型はほぼ満2年, 中型は1年半と推定した. 小型についてはいろいろ問題があるが, 耳石の型が大型に近いことなどから, 系群としては大型と同じ秋生まれ群に属し, 年齢は満1年であろうとされた. つまりある年の小型が翌年の大型になるというわけである.

　ところが1970年代の半ば頃になって, 2系群説にもとづく年齢がおかしいのではないかといわれるようになってきた. たとえば, 小型のいろいろな特性が大型とは必ずしも一致しないとか, 大型と中型の体長の差が, 産卵期で秋から春までの違いがあるだけにしてはあまりにもはっきりしていて, 中間の体長をもった個体が少ないことなどの疑問が出されて来たのである. たとえば大型の年齢が従来言われていた満2歳よりさらに短くなって, 1年半から1年くらいかもしれないという説も出された.

　1970年代の初めに, 耳石に日周輪の現われることがわかってから, 多くの魚種でこの方法が応用されている. サンマについて日周輪を読んだところ, 大型魚は秋～冬生まれで秋の漁期に1.5～2歳, 中型魚は春～夏生まれで1歳程度であろうとされた (巣山ら, 1992). しかしこの新しい説にも, まだ多少疑問が残っているようである. 年齢は資源の動態研究の上で最も基本的な情報である. この年齢すらわかっていないということで, サンマ資源の研究が大きな

IV. サンマ

困難にぶつかっている．

2. サンマの漁場

　サンマは，秋親潮が南千島から北海道・東北地方沖に南下してくるにつれて，これに乗って南へ下ってくる．この海域は暖流の黒潮と寒流の親潮がぶつかりあって，複雑に混じり合い，餌になるプランクトンが豊富で，サンマばかりでなく，マイワシ，サバ，カツオ，マグロなどの重要な漁場になっている．
　サンマの漁獲されたところの水温は，7℃から24℃に及んでいる．水温に対して幅広い適応性をもっているといえる．毎年の，最も漁獲の多かった水温を

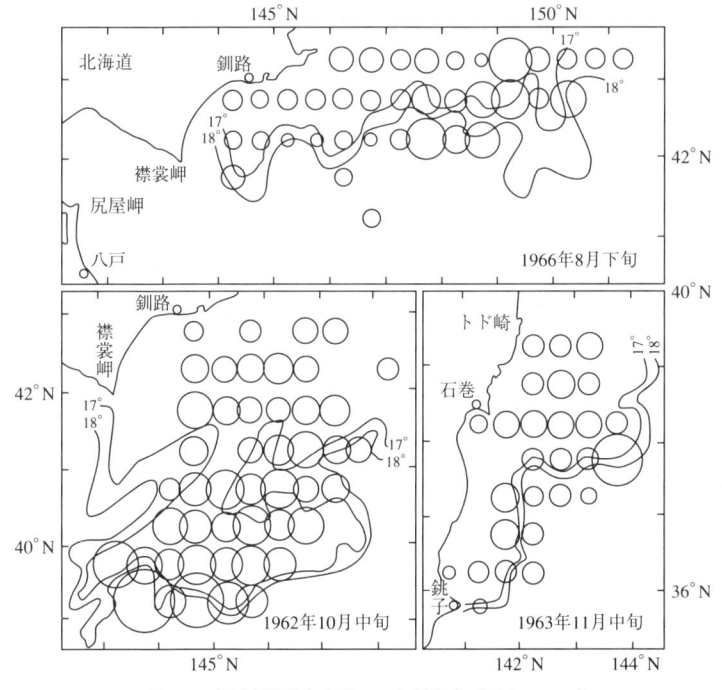

図4-3　表面水温分布とサンマ魚群分布（田中，1998）

見ても，年によって14℃から18℃と4℃の温度の開きがある．それにもかかわらず，サンマの分布は，海の表面水温と密接に結びついているのである．図4-3にいくつかの典型的な例を示した．円はサンマの漁場になった緯度・経度30分ますめの海区を表し，その大きさは，だいたいサンマの密度に比例して描いてある．サンマは表面水温が17℃ないし18℃より低い水温域に分布しているといえる．ここで17℃ないし18℃の水温帯は，ちょうど親潮と黒潮の境，すなわち潮境の水温に相当している．サンマは潮境の親潮側に分布している．図を見ると，潮境が壁のようになって，サンマの南下を阻止しているように見える．

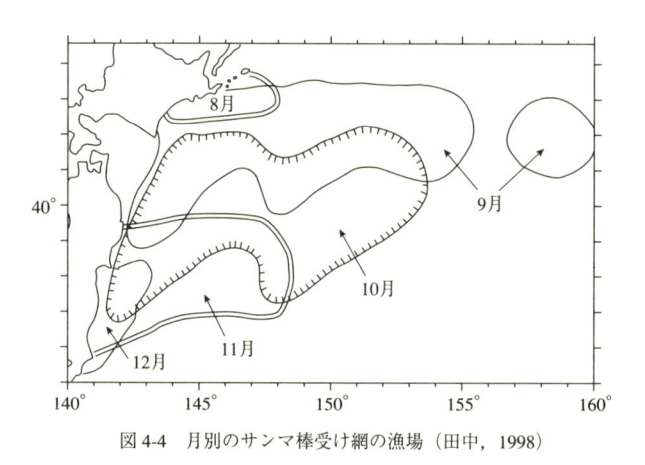

図4-4 月別のサンマ棒受け網の漁場（田中，1998）

潮境は，秋に親潮が勢力を増してくるにつれて南下し，サンマの漁場もこれにつれて南下する（図4-4）．8月から9月頃には，北海道の東から南に潮境があり，北海道沖が漁場となる．10月になると潮境は三陸沖にまで南下してくる．11月になると，房総半島をかすめて，北東に進む黒潮との間にできる潮境の所まで下ってきて，常磐から銚子の近海に漁場ができ，12月に入ると魚群は黒潮を横断してその南へ移り，棒受け網漁業の漁期は終わる．

この秋の漁期の間に，サンマは北ないし東方から漁場に来遊し，一方で潮境

を越えて南へ下がり，漁場外に逸散してしまう．漁期初めには漁場に来遊するものが多く，したがって漁場内の魚群量は増加するが，やがて漁場外に逸散したり，漁獲されたり，他の魚や海獣などに食われたりして，次第に量が減少する．この様子は漁獲統計を使って示すことができる．

3. 漁場内の魚群量の季節変化

1回の操業で獲れる魚の量は，その場所にいる魚が多ければ多く，少なければ少なくなる．だから，ある海域で何回か操業したとき，操業1回当たりの漁獲量は，その海域の魚群密度の指数と考えることができる．棒受け網の場合，集魚灯に集まった魚を長い棒に支えられた大きな網ですくい取るのであるが，この網揚げ1回が操業1回に当たる．これを漁獲努力の単位にとるのが便利である．漁獲努力当たり漁獲量は魚群の密度に比例するから，これに海域の面積を掛けると魚群量の相対指数となる．

サンマの漁獲については，各水揚地で入港船から聞き取りをして，操業の日時，場所，漁獲量などがくわしく調べられている．そしてこれらの資料は，緯度・経度各30分ますめごと，旬ごとにまとめられている．旬ごとの魚群量指数は，その旬での総漁獲量を総努力量で割った努力当たり漁獲量に，漁場となったますめの数を掛けて計算する．

このようにして求めた旬ごとの魚群量の指数の季節変化を示したのが図4-5である．この図では，縦軸が対数の尺度にとってある．このようにすると，等比級数的増加あるいは減少の傾向は，図の上で直線的増加あるいは減少として表わされる．季節変化のパターンは年により様々であるが，一般的傾向は次のようになる．漁期初めには魚群の漁場内への加入があって，魚群量が急速に増加し，9月頃最高値に達し，以後漸減して，11月下旬から12月に至って漁期が終わる．ピークに達した後の減少傾向は，漁期末を除いて直線的になっている年が多い．1954年，1957年，1958年などはこの例である．1966年や1967

年でも直線的減少が見られるが，下り傾斜が急である．1961 年のように，ピークが 2 つ以上ある年もある．漁期の途中で新たに魚群の加入のあったことを示している．

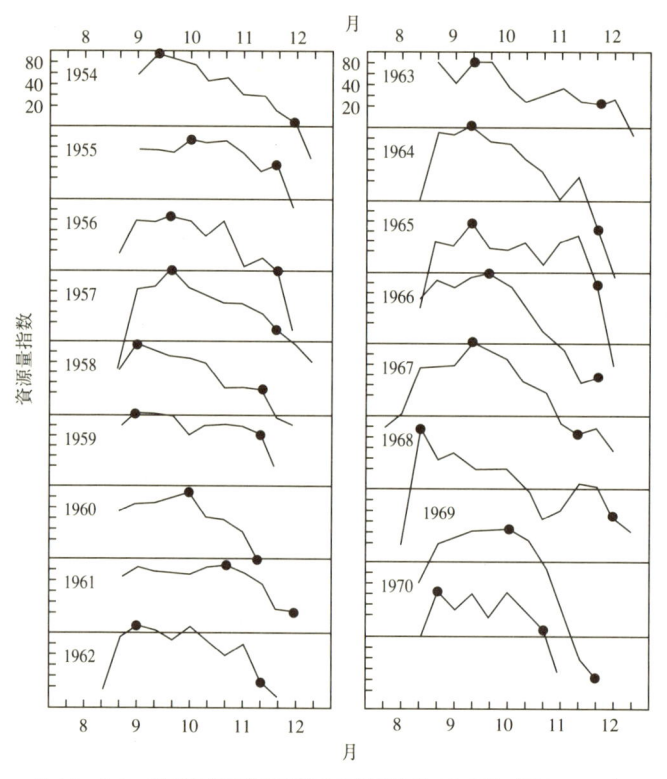

図 4-5　サンマ棒受け網漁業の漁場内資源量指数の旬変化（田中，1998）

　ここで示した魚群量指数は，大型，中型などの各型を含む総漁獲量から計算したので，各型合計の魚群重量の指数となっている．漁期中サンマはあまり成長しないので，重量指数の傾向はほぼ尾数の指数の傾向を表わしている．漁獲重量の調査と平行して，体長や体重の調査も行なわれているので，総漁獲量を体長組成を利用して型別に分け，さらに型別の平均体重を用いて尾数に換算す

Ⅳ．サンマ

ることもできる．型別の魚群尾数指数の旬変化の1例を図4-6に示す．この図は1962年について示したものである．図4-5で見ると，重量指数では起伏はあるが直線的減少傾向を示している．しかし型別の尾数指数を見ると様子がかなり異なっている．大型魚は9月中旬を山に減少し，特に10月中旬以後急速に数が減っている．一方，中型は，漁期中に3つの山があり，魚群が何回にもわかれて漁場に加入して来たことを示している．小型魚の数は，漁期を通して低い水準にあり，また漁期とともに減少する傾向を示さない．

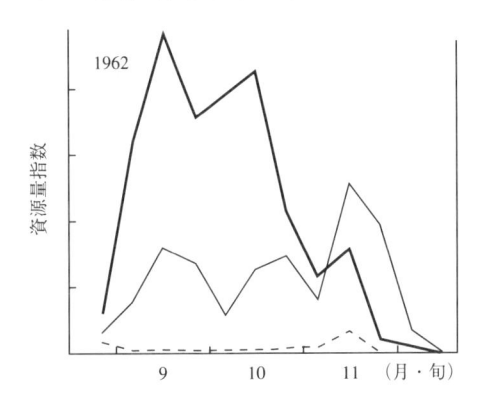

図4-6 型別に示したサンマ資源量（尾数）の旬変化．
大型：太実線，中型：細実線，小型：破線
（松宮・田中，1976a）

一般的にいって，大型魚が先に漁場に現われ，また先に漁場から逸散する．中型魚は大型魚に遅れて漁場に現れ，漁期中にも加入が続くことがある．漁期の後半には，中型魚が漁獲物の主要部を占めることになる．小型魚の割合は一般に低いが，不漁となった1968年からかなり高くなり，特に1971年には極小型のジャミを含めると，小型魚が2/3を占めた．小型魚は漁期初めに現れることが多いが，漁期途中に加入してくることもある．

4．魚群量の変化と漁獲努力量

漁場に加入したサンマは，漁場外に逸散したり，自然的な原因で死亡したり，漁獲されたりして，漁場内に残っている量が減少する．ここで毎旬減少していく率は，もし逸散率や自然死亡率が一定だとすると，漁獲が強いほど大きくなるはずである．旬別の魚群量指数が最高値 P_0' に達して以後，図4-5で示した

ように毎旬一定の率で減少していたとする．すなわち，対数をとったとき，右下がりの直線的減少傾向を示していたとする．そして n 旬後に P_n' まで下がったものとする．各旬の減少の速さ，つまり全減少係数 Z の n 旬間の平均は

$$Z_m = \ln(P_0'/P_n')/n$$

となる．一方，漁獲の強さは，この間にサンマ資源に対して加えられた漁獲努力の旬平均 f_m で与えられる．漁獲が強いほど減少率が大きくなるということを，理論的により厳密に表現すると，Z_m と f_m が正の相関関係にあるということである．式で表わすと

$$Z_m = M + qf_m$$

と置くこともできる．ここで M は漁獲の強さには関係のない減少，すなわち逸散や自然死亡に対応した減少係数である．q は単位努力，たとえば棒受け網1回操業による漁獲率（より厳密には漁獲係数）と考えてさしつかえない．加えられた努力量が f_m の時，全体の漁獲係数は qf_m となる．今，何年かにわたって Z_m と f_m の値が得られておれば，それらの間の関係に回帰直線を当てはめることによって M や q の値が推定できる．

漁獲努力量と全減少係数の間の直線関係は，逸散や自然死亡を含んだ M の値が一定の時にのみ成り立つのであるから，魚群の漁場への加入が続いている間には適用できない．また漁期末に一斉に魚群が漁場から逸散して漁期が終わる時にも当てはまらない．そこで図 4-5 の中で黒丸で示した期間のみについて，各年の Z_m と f_m を求め，それらの間の関係を図示したのが図 4-7 である．Z_m と f_m の間に直線関係があるようには見えない．f_m が増すと Z_m はかえって減少しているように見える．これでは Z_m と f_m の間の直線関係を求めても意味がない．逸散を含む M の値が毎年一定だという前提が満足されていないと考えられる．

すでに述べたように，サンマは親潮と黒潮の間の潮境の動きにつれて，南下

Ⅳ. サンマ

してくる．潮境が壁のような役割を果たして，南へ下がろうとするサンマを押さえていると言ってもよい．壁が急に南へ下がると，サンマの南下も速くなる．潮境が東西方向にできて，しかもなかなか動かないときは，サンマの漁場は停滞し，漁業がやりやすくなる．親潮が東北地方の沿岸を強く南下し，その沖に暖かい水が拡がり，その間の潮境が南北方向にのびている時は，魚群は北海道から常磐沿岸まで一挙に南下する．このように，魚群の南下や漁場外への逸散は，その時の海洋条件に強く影響されている．魚群の漁場への加入についても同様で，漁期初めに集中的に加入する年もあるが，また漁期中，中型群や小型群が断続的に加入してくることもある．いずれにしても，主要群の加入が終了した後においても，M の値が一定だということは期待できない．その値の年による差が，図4-7のように，予想されたこととは異なった結果を与える原因となったのである．サンマ漁獲量が減少した1964年以降，Z_m の値の高い年が多い．1960年は豊漁時代としては極めて不漁な年に当たっているが，Z_m の値はやはり高い．このことは，これらの年にサンマの漁場外への逸散が激しかったため，不漁に見舞われたことを示している．

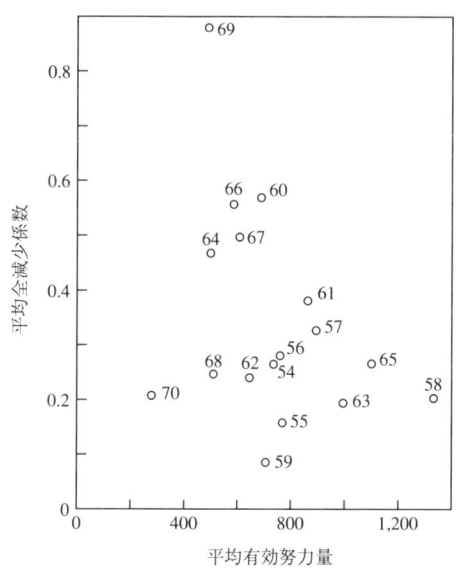

図4-7 サンマの全減少係数と棒受け網漁業の有効努力量の関係．数字は西暦年（田中，1998）

サンマのような回遊性の資源は，資源量に差がなくても，その時の海洋条件によって，豊漁になったり，不漁になったりする．同じ努力でも漁獲の影響の

仕方が違う．だから，どのような海洋条件の時に，どこにどのように漁場ができるか，すなわち漁場形成の原理を研究することが必要である．サンマのような魚では，資源の動態に関する通常用いられているモデル（たとえば Z_m と f_m との直線関係）に基づく資源の解析や推定が著しく困難である．動態モデルが単なる機械的モデルでなく，漁場形成の原理や環境と魚群の行動の法則性を組み込んだ，実態に即したモデルであることが必要であり，その面からの理論の発展が要求されている．

5. サンマ資源の年変動

サンマの漁場内魚群量は漁期中変化しているし，この間魚群の漁場への出入りがあるため，その年の総資源量を示すのに工夫が必要になる．旬別魚群量指数を漁期を通じて加え合わせると，延来遊資源量指数となる．この指数では，同一の資源量でも，漁場内滞留期間が長いと，延来遊量は多くなる．漁場内滞留期間は，その年の海況によって長くなったり，短くなったりする．もし魚群の大部分が漁期初めに漁場内に加入し，以後徐々に逸散していくものとすると，漁期を通じての魚群量指数の最高の値が，来遊資源量の目安となりそうである．実際には，先に示したように，漁期の半ば以降に加入してくるものもあるが，主要部分は漁期初めに加入して来るものとして，魚群量指数の最高値について，サンマ資源量の年変化を考えてみよう．

図 4-8 は，毎年のサンマ資源量を漁獲量と対比して示したものである．1954年から 1963 年の間，漁獲量は 30 万トンから 50 万トンの間を大きく変動していた．1964 年からは 20 万トン余りに急減し，さらに 1968 年以降 10 万トンあるいはそれ以下の水準に落ちてしまった．これに対して，旬別魚群量指数の最高値で示したサンマ資源量は，多少の変動を示しながらも，1954 年から 1967 年の間，ほぼ一定の水準に保たれていた．資源量がはっきり減少を示したのは 1968 年以降で，それより前の水準に比べて約半分となった．

IV. サンマ

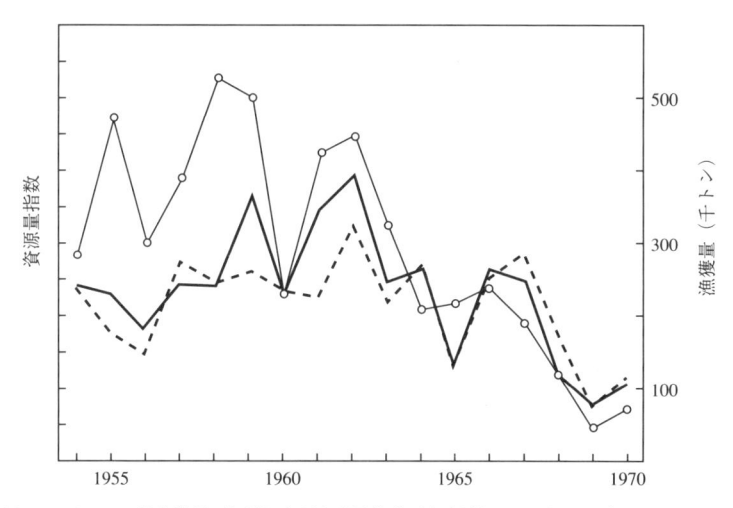

図4-8 サンマの総漁獲量（細線）と延来遊量指数（太実線）およびサンマ資源量の指数（太破線）（栗田ほか，1973）

　来遊資源量指数は，相対的に資源量を与えるものであるから，この指数にある定数を掛けたものが資源量の絶対値となる．この定数の値がわかれば，資源量そのものについて議論できるが，この値の推定は容易でない．しかし，この指数は資源量に比例しているのであるから，漁獲量と資源量指数の比は，漁獲量と資源量の比，すなわち漁獲利用率に比例していることになる．このようにして求めた漁獲利用率の指数を図4-9に示した．図4-8から当然考えられる通り，漁獲利用率は大きな変動をしている．年によってサンマが獲りやすかったり，獲りにくかったりして，漁獲利用率が変化するのである．たとえば海洋条件によって，サンマが狭い海域に押しこめられると，漁獲能率が高くなり，豊漁となる．もし資源量が同じであれば，漁獲利用率は高くなる．逆に魚群が薄く分散していると，漁獲能率が悪くなり不漁となる．

　図4-9で見られるもう一つの重要な傾向は，漁獲利用率が図に示した期間を通して漸減していることである．サンマ資源に対する漁獲の圧力は，大きな変動を示しながらも，年とともに弱まってきたわけである．このことを裏付ける

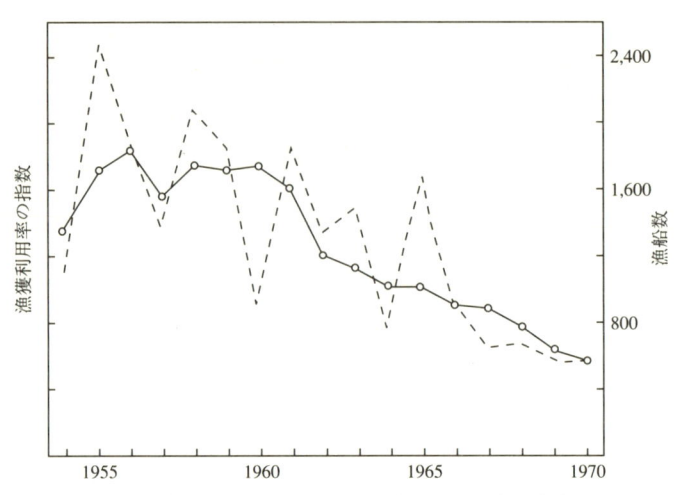

図4-9　サンマ棒受け網漁業漁獲利用率の指数（破線）と漁船数（実線）（栗田ほか，1973）

ために，サンマ漁業に従事した漁船数も図中に示した．漁船数もこの期間中著しく減少している．漁船の大きさは，同じ期間に平均40トン余から70トン余まで大きくなっており，1隻の漁獲能率は多少大きくなったと思われるが，棒受け網漁業の場合漁船の大きさがそれほど漁獲能率に関係しないので，漁船数の減少による漁獲の圧力の低下は間違いないものと思われる．

　サンマの漁獲量は1964年から不漁の兆候を示していたが，資源量が明らかに減少したのは1968年からである．それまでは30万トンから50万トンにも達する漁獲をあげながら，資源は減少の傾向を示していない．にもかかわらず，漁獲の圧力がかなり下がってしまった1968年になって資源が急に減少したのは，どうみても獲り過ぎのためではない．何らかの自然的要因で資源が縮小したと考えなければならない．

　大中小の型別の来遊資源量を推定した数値がある（表4-1）．先に示したように，漁期中の減少傾向と漁獲の強さの相関関係から漁獲係数を推定する方法は成功しなかった．そこで，松宮義晴博士と田中が全く別の考え方で，サンマ漁場の移動を巧みに利用して，なんとか漁獲係数を推定し，来遊資源量を求めた

IV. サンマ

もので，信頼度は高くないとしてもいくつかの示唆が得られる．この数値によると，来遊量の減少は特に大型魚で著しい．1966年まで，西暦の偶数年ごとに大型魚は高い水準を維持していたが，1968年には奇数年並に低い水準にとどまった．一方，中型漁は，奇数年ごとに高い水準で現れていたが，1969年には，偶数年並の低い水準に落ちてしまった．この間に，なにかサンマにとってたいへん不都合なことが起こったに違いない．

表 4-1　サンマ中型群および大型群の来遊資源量（単位：億尾）
（松宮・田中，1976b）

逸散，死亡量＝来遊量－漁獲量

	1964	1965	1966	1967	1968	1969	1970
中型							
来遊量	10.4	52.1	11.7	97.4	38.2	15.4	17.5
漁獲量	3.7	26.2	3.7	24.2	8.7	3.6	4.2
逸散，死亡量	6.7	25.9	8.0	73.2	29.5	11.8	13.3
大型							
来遊量	30.6	4.3	36.4	4.1	3.3	0.4	3.3
漁獲量	11.0	0.8	13.6	0.7	1.3	0.1	0.8
逸散，死亡量	19.6	3.5	22.8	3.4	2.0	0.3	2.5

サンマの年齢が明らかでないので，1968年の大型魚の減少，1969年の中型魚の減少を親の量と関連づけるには困難があるが，今1966年の大型魚が1968年の大型魚の親であるとすると，この年の産卵親魚は逸散，死亡量から見ると，かなり高い水準にあったと考えられる．1967年の中型魚が1969年の中型魚の親であると仮定すると，これまた1967年の産卵親魚はむしろ非常に高い水準にある．1969年の中型の親を1968年の中型および大型と仮定しても，やはり産卵親魚が特に不足したとは言えない．この点からも，サンマ資源減少の原因が漁獲による産卵親魚の不足でないことがわかる．1966年から1968年頃まで，サンマが産卵し，その仔稚魚が育つ頃，その付近の海洋で，餌が不足するとか，海流によって仔稚魚が餌のない海域の流されてしまうといった異変が生じたのではないだろうか．その原因はまだ明らかにされていない．

V. マイワシ
―― 卵の量で資源を測る ――

1. マイワシ資源の協同研究

　マイワシは日本の漁業にとって最も大事な魚種の一つである．この魚と日本人のつき合いの歴史は，少なくとも数百年はさかのぼることができる．マイワシはまた豊凶のはげしい魚種である．1936年にはその漁獲量が150万トンを超え，日本の沿岸各地はマイワシで埋められた．ところが漁獲量はそれ以後急速に減少して，敗戦の1945年には10万トン前後にまで下がってしまった．その後，漁獲量は増減を繰り返しながらも，低い水準におさえられていた．特に1965年には，日本近海の異常冷水の影響もあって，漁獲量はわずか9,000トンという最低を記録した．ところが1970年代にはいると，関東近海から北海道にかけて分布しているマイワシ群を中心に回復の兆候が見られ，1973年頃からは増加傾向が一段と急になり，1976年に100万トンを超えてから往時の水準以上の漁獲が続いた．

　戦後間もなくの頃，食料が不足して，水産物の増産が強く叫ばれていたが，マイワシ不漁の原因をさぐり，資源の適正利用の方法を見いだす目的で，1949年から当時の農林省水産試験場が中心になり，各県の水産試験場が参加した，全国規模の協同研究が始まった．このことは，日本における水産資源研究の歴史のなかで特記すべき出来事である．もちろんこの協同研究の背景には，占領軍総司令部の強い意向と，食料増産への強い要請があったわけだが，昭和の初

め以来実力をつけてきていた日本の資源学者達が，時至れりと一斉に活動を始め，田内森三郎場長のもとでこの研究を推進したことも見逃せない．

　当時マイワシ資源の減少をめぐって，いろいろな説が提唱されていた．相川広秋博士は乱獲のため資源が減少したのだろうと推測し，中井甚二郎博士は海況の変化により発生初期に大量に減耗したためだと主張した．また木村喜之助博士は，海況が変わってマイワシが沿岸から沖合へ移動したのではないかと考えた．これらの論争に決着をつけることが要請されていた．

　協同研究は3つの主要な柱からなっており，第1は漁獲量・努力量統計調査，第2は水揚地での魚体調査，第3は海上での調査で，産卵調査と環境調査を含んでいた．このうち第一の柱は，1951年から農林省統計調査部の統計によることとなった．

　マイワシの資源評価のため，漁獲量・努力量統計および生物統計の解析が試みられたが，うまくいかなかった．マイワシは日本全国で，種々の漁具により，大小様々な漁船によって漁獲されている．そしてそれぞれの地域や漁業は，年齢や魚体の大きさに対して明瞭な選択性をもっている．したがって，日本全国の100ヶ所に近い水揚地での魚体調査から得られた水揚げ物の年齢組成は，資源全体の正しい年齢組成を表わすものではなかった．また種々の漁具や漁法の漁獲努力を標準化することは，ほとんど不可能であった．山中一郎博士は，対象をある特定の漁場，漁具に限って推定を試みたが，魚群の漁場への出入りが雑音となって，結果は満足できるものではなかった．標識放流調査も考えられたが，マイワシのような小さくて弱い魚に標識をつけることの問題や，大量の漁獲物の中から標識魚を見付けだすことの難しさのため，実用性は期待できなかった．ある実験によると，漁船の船倉の中に入れられた標識魚のわずか数％しか発見報告されなかったという．

　海上での産卵調査は，マイワシの産卵生態を知り，また産卵場やマイワシの分布域の環境を知るために欠かせないものであるが，中井博士はさらに，産卵総量を推定してマイワシの資源量を知り，漁獲率を見積もるためにも必要であ

ると主張した．日本でのマイワシの協同研究に先がけて始められていたアメリカ・カリフォルニア沖のマイワシ協同研究でも，資源量を推定することが産卵量調査の重要な目的となっていた．

　マイワシの産卵調査を始めるにあたって，いくつかの恵まれた条件があった．各県の水産試験場のもっている試験船多数を動員することができた．マイワシの産卵場は沿岸域に集中しており，遠く沖合まで調査範囲を広げる必要がなかった．したがって試験船も大型である必要はなかった．しかし調査が始められた当時，これら多数の試験船の装備が全て満足すべきものであったわけではない．そこで，どんな船でも容易に扱える口径 45 cm の小型のプランクトンネットを，水深 150 m から鉛直に曳きあげるという簡単な方法が標準的方法とされた．このことによって日本の周辺に濃密な調査点を配置することができた．

2. 産卵総量の推定

　広い海の中を漂っている直径 1 mm くらいのマイワシ卵の数を推定するなどということは，一見途方もないことのように聞こえるだろう．そんなに小さな卵を追いかけるより，親魚を追いかけるほうがまだましだと思うかもしれない．しかし実際は，親魚を直接推定するよりは，卵の量を推定する方がずっとやさしいのである．

　親魚は遊泳力があるから，自身で適当な環境を求めて移動する．その上，水族館の水槽の中でも見られるように，多数が集まって濃密な群れを作る．群れのなかでは周りじゅうマイワシだらけだが，群れの外では 1 尾の魚も見られない．つまり海の中での分布がひどく偏っているわけである．したがって，どこで魚の数を調べるかによって，その数はべらぼうに異なってしまって，どれが正しい数を表わしているかわからない．その上，親魚をつかまえるには，親魚の習性を巧みに利用した漁具を用いなければならない．漁具の特性と魚の側の条件の組合せで，能率的に漁獲されたり，あまり獲れなかったりする．だから，

たくさん獲れたから魚が多いと簡単に決めるわけにはいかない.

　一方, 卵の方は, 遊泳力がないから, 流れのままに漂って, 海のなかに広く拡散していく. したがって, 特定の場所だけにかたまるということが, 親魚に比べるとはるかに少ない. その上遊泳力がないから, 一定量の水を汲んできて, その中の卵の数を数えれば, 1 立方米の海水の中に何個の卵があったかを簡単に知ることができる. 実際に水を汲んでくるのは大変だが, 小さな卵でもぬけないような細かい目の網で一定量の水をこしてやって, 網の中にとらえられた卵の数を数えれば同じことになる. このような網はプランクトンネットとして, 海の生物の研究をしているところなら, どこにでもある. 卵は広く拡散するといっても, やはり濃密に分布する場所とそうでない場所があるので, ただ 1 点でプランクトンネットを曳くだけでは, 正しい密度はわからない. しかし産卵期を通して, 卵の分布していそうな海域を広く, かつ繰り返し調べてやると, 平均としてかなり正確に卵の密度を推定できる.

　マイワシの卵は, 普通ごく表層の, 水深 20 m より浅いところに分布している. 時に深いところから得られることもあるが, 150 m より深いところに分布していることはまずない. そこで, 今プランクトンネットを水深 150 m から表層まで鉛直に曳いたとすると, そのネットの口の面積を断面積とする円柱の中の卵を全部採集したことになる. そして卵の密度は, 立方米当たりではなく, 海の表面 1 平方米当たりとして表わすことができる. 実際には網目の抵抗のため, 曳網中に網の口から少し水があふれ出すが, 実際に網の目を通る水の量は, 網口に濾水計をつけて計ることができる.

　卵の密度が低いときは, 水深 150 m から表層までの鉛直曳だけでは, 十分な数の卵を採集できないことがある. もっと大量の水をこすためには, 網を大きくしてもよいが, 大きな網を扱うのは大変なので, 網を鉛直ではなく斜めに曳き上げるのが普通である. この場合, 実際に濾過した水の量 w は, A を網口の面積, D を曳網距離, F を濾過効率とすると, $w = FAD$ である. 斜め曳き採集でカバーされる海の表面積 s は, 網を沈めた水深を d とすると, $s = w/d$

となる．d に比べて実際に網を曳く距離 D を長くしてやる，つまり斜め曳きの傾斜を緩やかにしてやればやるほど，同じ網でも s を大きくすることができる．

　プランクトンネットによってこしとられた標本は，実験室での分類にまわされる．マイワシの卵や仔稚魚だけでなく，他の魚種の卵や仔稚魚，プランクトン類もその数量が記録される．プランクトン類はマイワシをはじめ多くの魚類の餌として重要な意味をもっている．マイワシ卵は球形で，油球をもっており，その分類は容易である．しかし卵の形で種類が判定できない魚種では，産卵量の推定はできない．マグロ類などがこの例である．

　各回の採集によって観測された密度は，ほぼ同じ密度が得られる海域および期間内の多くの観測について平均することによって，より正確な値となる．つまりこの海域の中に毎日平均これだけの密度で卵が分布していたわけである．そこで，この密度に海域の全面積を掛けると，この海域でこの期間の間に毎日存在していた総卵数の平均値が推定できる．

　ある時に海の中に漂っている総卵数がわかっても，これだけではまだ総産卵量はわからない．1日当たりどのくらい生み出されたかを知らねばならない．魚の卵は，生まれてから一定時間たつと孵化する．この時間は魚種によってはもちろん，水温によっても異なる．水温が高いと発育が早く進むので，孵化までの時間は短くなる．マイワシ卵は，水温15℃で約3日，18℃では約2日で孵化する．だから，水温が15℃だとすると，ある時に採集される卵は3日分の産卵に由来するものである．したがって，簡単に考えると，1日分の産卵に由来する卵の密度は，観測された密度の1/3ということになる．

　もう少し厳密に言うと，孵化の途中で死亡する卵のことも考える必要がある．たとえば，毎日半数ずつが死んでしまうとすると，生まれて2日目の卵の数は1/2，3日目の数は1/4になってしまう．したがって，3日分の合計でも3倍にはならず，1.75倍でしかない．この値は死亡率が高いほど小さくなる．マイワシの場合，この値は孵化日数の7割ぐらいに当たっている．つまり孵化日数が3日なら，倍率は2.1日となる．これが卵の平均存在日数である．

先に求めた，ある海域内にある期間日々存在していた総卵数の平均を，卵の平均存在日数で割ると，この海域でこの期間に毎日生み出された卵の数の平均が得られる．これにこの期間の日数を掛けると，この期間中の総産卵量が求められる．

ここで，与えられた海域と期間の中で，卵の分布密度が均一であるほど推定精度が高くなる．完全に均一であれば，ただ1回のネット採集で密度がわかる．卵の密度は親魚の分布に比べてはるかに一様だといっても，実際にはかなりむらがある．海域や期間は，それぞれの中での卵の分布密度がなるべく均一になるように層別しておく必要がある．

かなり古い資料であるが，1952年春のマイワシ産卵量推定の例を示そう．この当時のマイワシは，九州西方に産卵場をもつ日本海西部系群と，日本海の能登半島に産卵場をもつ日本海北部系群の2つが主要な群であった．中でも前者の漁獲量が最も大きかった．この系群は冬期南下して九州西方に至り，1月から5月にわたって山口県沖から鹿児島県沖にかけての東シナ海で産卵する．この間，毎月100回以上のネット採集が，関係県の水産試験場の手によって行なわれた．毎月の採集定点を図5-1に示す．採集法は口径45 cmのネットの水深

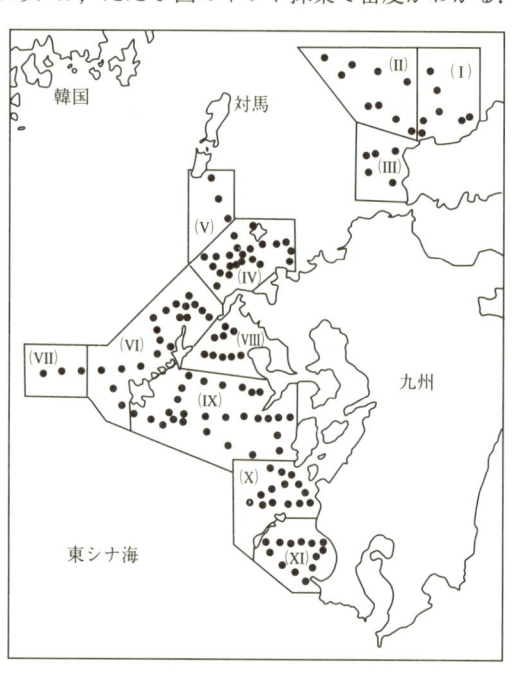

図5-1 マイワシ産卵量調査のネット採集点および海域の層別（田中，1973）

－68－

150 m から表面までの鉛直曳きである．マイワシの孵化日数は水温に関係しているので，いろいろな水深層の水温も測られた．産卵場は 11 の海区に層別され，また産卵期は月別に層別された（図 5-1）．

1952 年の九州西方海域での総産卵量は 100 兆と推定された．推定値の標本誤差は，変動係数で 17％と比較的小さい値となった．これは毎月のネット採集が 100 回以上にも達していたため，採集ごとの変動がかなり大きかったにもかかわらず，平均化されて，精度がよくなったためである．数多く採集を行なうことの必要性が理解される．

1 月から 5 月までの間で，2 月の産卵量が 60 兆，3 月のそれが 27 兆で，合計すると全体の 87％がこの 2ヶ月間に産卵されたことになる．海区で見ると，Ⅸ区とⅩ区すなわち五島と甑島（こしきじま）の間の海域が最も多く 59 兆であった．そしてこの海域での産卵はほとんど全部が 2 月と 3 月に行なわれた．一方，山口県沖のⅠ区，Ⅱ区，Ⅲ区では合計 26 兆が産卵されたが，このうち 11 兆は産卵期の後半の 4 月，5 月に産卵されたものであった．産卵は一般に南の方で早く，北の方で遅い傾向にある．

3. 親魚資源量と漁獲率

産卵総量がわかったので，次の問題は，これだけの卵を生んだ親魚がどれだけいるかということである．もし雌 1 尾が 1 産卵期中に生み出す卵の数と，雄と雌の比率がわかれば，親の数は容易に計算できる．漁獲物のなかの雌雄比を調べてみると，ほとんど 1：1 であった．全体の親魚の数は雌の総数の 2 倍とみればよい．雌 1 尾が 1 産卵期中に生み出す卵の数は，雌の卵巣のなかの卵の数を数えて推定する．普通，卵巣の中には，産卵間近の十分に成熟した卵から，ごく小さな未熟の卵まで見られる．ごく小さな未熟卵はその産卵期中には生み出されないと思われるので，ある程度大きくなった卵の数だけを数える．卵巣中の卵の数は，年齢や魚体の大きさによって異なるし，また同じ大きさのもの

でも個体による差が大きい．またどのくらいの大きさ以上の卵を数えるかによっても違ってくる．このようにいろいろな困難があるため，マイワシの雌1尾の産卵数はよくわかっていない．およそ4万から12万程度であろうと推定されている．この1尾当たりの産卵数で総産卵数を割ると，雌親魚の総数が推定できる．今，1尾当たりの産卵数として6万と10万という2つの値を選んで，100兆という産卵数を割り，これを2倍して親魚の総数を計算してみると，6万の場合33億尾，10万の場合20億尾となった．

　九州西方海域では，マイワシの漁期は，夏から秋のその年生まれの小中羽イワシの漁期と，冬から春の大羽イワシの漁期に分けられる．大羽イワシが産卵親魚であって，産卵期が漁期に当たっている．大羽イワシは普通2歳魚以上で，最高は7歳くらいまで見られる．これらの大羽イワシの漁獲量統計は重量で与えられている．また漁獲物の魚体調査から1尾の平均重量が推定されている．総漁獲重量を平均体重で割って漁獲総尾数が得られる．1952年の大羽イワシの漁獲尾数は8億尾であった．親魚の総尾数を33億とすると漁獲率は24％となる．親魚が20億なら8億の漁獲は率で40％に達する．

　マイワシは，漁獲以外にも，他の魚などに食われたり病気になったりして死ぬ．こういう漁獲以外の自然的原因で死ぬことを自然死亡という．マイワシの自然死亡率はどのくらいであろうか．今，漁獲による死亡率，すなわち漁獲率がわかっているので，年々の全ての原因による全死亡率がわかると，差し引き計算で自然死亡率が求められるはずである．全死亡率を知るには年齢組成が利用できる．漁獲物中の年齢組成が海の中での組成を代表している時には，3歳魚の2歳魚に対する比，4歳魚の3歳魚に対する比などは，2歳魚，3歳魚などが翌年まで生残る比率になっていると考えられる．生残る率を1から引くと死亡率が得られる．大羽イワシの場合，各年齢の魚が混じって漁獲されるので，漁獲物中の組成は海の中の組成を代表していると考えられる．大羽イワシの年齢組成を見ると，2歳魚以上の年々の減少率は大体半分くらいである．ここで全死亡率を50％としよう．そうすると漁獲率（正しくは漁獲利用率）が24％

の時は自然死亡率は26％，漁獲率が40％なら自然死亡率は10％ということになる．マイワシのような小魚は，他の多くの魚の餌になっていることを考えると，自然死亡率10％という値は小さすぎるように思われる．

　漁獲率や自然死亡率は，初めにいた尾数のうちのどのくらいの割合が実際に漁獲されたり，自然死亡したかという率であって，直観的に理解しやすい．しかし，これらの率には一つの不都合な点がある．それは，これらの率がお互いに競合関係にあることである．漁獲されたものの中には，もし漁獲されなければ，その後に自然死亡したであろう魚も含まれている．だから漁獲率が低くなると自然死亡率が高くなる．漁獲率が著しく高くなって，ほとんど100％に近くなると，自然死亡するものなどはなくなってしまう．自然的条件がよくなったため，死ななくなったわけではない．自然死亡する可能性はちっとも変わっていないのである．

　理論的には，率ではなく，それぞれの時点での漁獲されたり自然死亡する可能性（確率），別の言葉で言えば瞬間，瞬間の漁獲率や自然死亡率を考える．これらの率を，漁獲係数，あるいは自然死亡係数と呼び，それぞれ F あるいは M で表わす．F と M の和を Z と表わし，全減少係数と呼ぶ．e^{-Z} が生残率，$(1-e^{-Z})$ が全死亡率になる．漁獲率，自然死亡率は，全死亡率のそれぞれ F/Z，あるいは M/Z となる．マイワシについて推定された率を係数に換算すると，次のようになる．全死亡率50％は $Z = 0.69$ に対応する．そして漁獲率24％は $F = 0.33$，したがって $M = 0.36$ に対応し，漁獲率40％は $F = 0.55$，$M = 0.14$ に対応する．

　係数で表わすと，漁獲の強さが変わっても M の値は変わらないが，率は変わる．たとえば漁獲を2倍に強めて $F = 0.66$ とすると，$Z = 1.02$ となり，全死亡は64％，漁獲率は41％，自然死亡率は23％となる．漁獲を2倍に強めても漁獲率は2倍にならず，一方，自然死亡率は減少している．

4. 適正漁獲と資源管理

　総産卵量を推定して，親魚の資源量や漁獲率，自然死亡率を推定した．なぜ資源量や自然死亡率などを推定する必要があるのだろうか．それはこれらの資料から適正な漁業のあり方を判定するためである．これからこの問題を考えてみよう．

　1936年に150万トンもあった漁獲量が，敗戦の1945年には10万トン程度まで下がってしまった．その後いくらか回復し，1953年には34万トンに達したが，以後再び減少をはじめた．当時漁獲の減少は特に当歳魚で著しかった．当歳魚の減少の理由については，資源量そのものの減少，あるいは漁獲率の減少の2つが考えられたが，その何れであるかは明らかでなかった．また資源量が減少したとしても，それが自然的要因によるのか，あるいは乱獲のためであるのかについては，当時一致した見解はなかった．

　ともあれ，当時の漁獲物の年齢組成を見ると，当歳魚が尾数では90％以上，重量でみても50％以上に達していた．このように，成長の盛んな繁殖活動に入る前の未成魚を集中的に漁獲することが，マイワシ資源の利用方法として適当なものであるかどうかは大きな問題であった．当歳の未成魚の漁獲が大羽イワシの資源に悪い影響を与え，ひいては，マイワシ資源の再生産にも悪影響を及ぼしているのではないかということは，当時だれでもがもった疑いであった．

　漁獲重量をできるだけ大きくするという観点からみて，当歳の小羽イワシの漁獲が得策かどうかは，2つの面から検討する必要がある．一つは，小羽の時代に漁獲してしまった方が得か，大羽になるまで待って漁獲した方が得かという問題である．もう一つは，小羽の過度の漁獲が産卵親魚を減らして，次の世代の加入量を減らしてしまうのではないかという問題である．第2の点に関しては，小羽で獲り過ぎても，大羽の漁獲をさしひかえてやれば，ある程度の親魚は残せるので，小羽と大羽とどちらで漁獲するのが有利かという問題に帰することができる．

V. マイワシ

　第1の問題には，小羽の成長と自然死亡が関係している．今，小羽イワシの平均体重を10g，大羽イワシの平均体重を100gとする．1,000尾の小羽イワシは10kgの重量となる．この小羽イワシが成長しながら自然死亡によって数を減らしていき，大羽になったときに300尾になっていたとすると，その時の大羽イワシの総重量は30kgで，小羽の時より20kgも多くなっている．この場合には，小羽イワシは漁獲しないで，大羽になるまで待った方がよい．もし大羽まで生残る数がわずか50尾に過ぎないとすると，その時の大羽総重量は5kgにしかならず，自然死亡で減ってしまう前に小羽イワシとして漁獲してしまった方がよかった，ということになる．

　この問題には大羽イワシの成長と自然死亡も関係している．大羽イワシの成長は小羽時代ほど大きくない．高齢になると成長率はますます小さくなる．だから大羽イワシはかなり強度に漁獲しないと，十分に利用する前に自然死亡してしまったり，さらには寿命が来て死に絶えてしまうことになる．もし大羽の漁獲をそれほど強めることが経済的，あるいは技術的にできないならば，小羽のうちから少しは漁獲しておく必要が生じる．

　このように，マイワシの成長と自然死亡がわかれば，どの程度小羽を漁獲し，どの程度大羽を漁獲するのが最適であるかを計算することができる．もちろんこの場合，ある程度の産卵親魚を残すということが条件として加えられる．ここでマイワシの成長は，鱗にできる年輪によって個体の年齢が査定できるので，容易に求められる．体長は，0歳で10cm，1歳で17cm，2歳で19.5cmとなるが，5歳は22cm程度である．高齢になるほど伸びが著しく小さくなる．体重はほぼ体長の3乗に比例し，10cmの魚で10g程度である．大羽イワシでは100gを越えるものもある．

　自然死亡はよくわからない．特に小羽イワシの自然死亡率については全く情報がない．このような状況の下で論議を進める一つの方法は，自然死亡についていろいろな値を仮定し，それぞれについて，小羽や大羽の漁獲率を高めたり低めたりすると総漁獲量がどのように変化するかを，計算してみることである．

そして，可能な自然死亡率の値の範囲内で，なにか共通して言えることはないか，マイワシ資源利用の合理化についてなにかヒントは得られないか，と探してみることである．

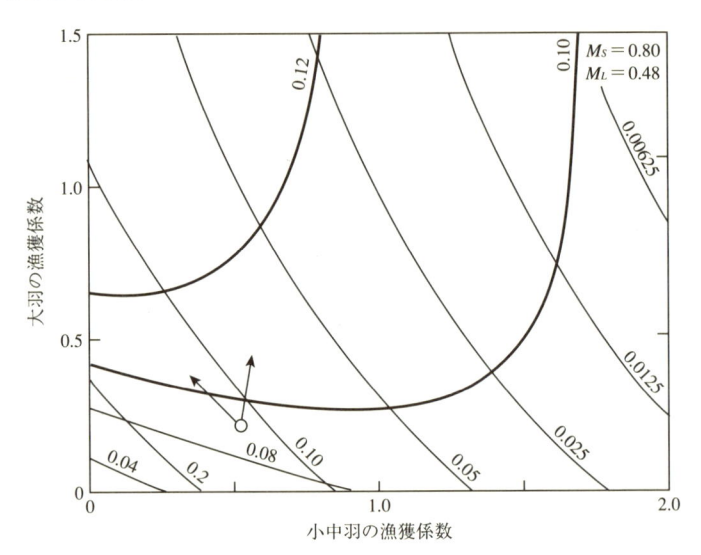

図 5-2 マイワシ小羽と大羽の漁獲係数に対して示した等量線図．
太実線：漁獲量，細実線：大羽資源量，小円：現在点（田中，1998）

このような考えから，小羽の漁獲係数を横軸に，大羽のそれを縦軸にとって，図 5-2 に示すような加入量当たり漁獲量の等量線を，いろいろな小羽と大羽の自然死亡係数 M_S, M_L の値について描いてみた．その結果は次のように要約できる．M_S が 0.8 以下，M_L が 0.32 以下ならば，小羽の漁獲を制限し，大羽の漁獲を維持ないし強化することによって漁獲量は増大する．M_L が 0.48 程度とやや大きいときは，小羽の漁獲を維持したまま大羽の漁獲を強化することが漁獲増をもたらす（図 5-2）．M_L が 0.8，あるいは M_S が 1.28 というように高い値になると，小羽，大羽とも漁獲を強める必要がある．

しかしここで考えなければならないことは，先にも述べた産卵親魚量の変化である．自然死亡が著しく高くなると，漁獲を強化する方がよいということに

V. マイワシ

なるが，これは毎年一定量の若魚が資源に加入してくるとした場合の話である．小羽の漁獲を制限しないで大羽の漁獲を強化すると，大羽の資源量，すなわち産卵親魚量が著しく小さくなる．産卵親魚が減れば次世代の加入量も減るという証拠はなにもないが，すでに減少傾向にある産卵親魚をこれ以上減らすことは危険である．だから，大羽資源量はこれ以上減少させないということを，一つの条件として考えるべきであろう．このようにすると，大羽，小羽とも自然死亡率が著しく高い時は，ほとんど現状を改善することはできない．つまり現状が一応最適ということになる．

もし大羽の自然死亡係数 M_L が 0.16 から 0.32 の間にあり，小羽の自然死亡係数 M_S が 0.16 から 0.8 の範囲にある時は，漁業改善の方向は，小羽の漁獲を制限して，その代わりに大羽の漁獲を強化する方を向いている．そしてこの方向は，産卵親魚量が変化しない方向とも一致している．また，大羽，小羽の自然死亡係数が共に特に大きくない限り，小羽の漁獲制限と大羽の漁獲強化は，産卵親魚を変化させないで，多少とも漁獲量の増大をもたらすと期待される（図 5-2）．

産卵調査から推定された自然死亡係数は，雌 1 尾の産卵数の置き方によって大きく異なり，M_L が 0.14 ないし 0.36 となっていた．この値を上の結果と比較すると，大羽の自然死亡係数に関する限り，小羽の漁獲制限と大羽の漁獲強化が最もよいとする範囲にほとんど合致している．小羽の自然死亡については情報が全くないが，5 cm 以下のしらすやかえりの時代とは違って，10 cm 以上に育ったマイワシの自然死亡は，親魚のそれと大幅には異ならないと思われるので，M_S が 0.16 から 0.8 の範囲にある可能性は高い．したがってここの結論は支持されているといってよい．産卵調査から求めた自然死亡係数の推定値は 0.14 ないし 0.36 というように大きな幅をもっていたが，それでもやり方によっては十分に資源管理に役立ち得るのである．

研究の結果は以上の通りである．産卵調査からの総産卵量の推定，総産卵量からの自然死亡係数の推定，マイワシの漁業適正化の方向の探索，という研究

の進展は，実は長い間を置きながら間歇的に進められた．特に大きな困難があったというわけではない．強いて言うならば，研究が実際の資源管理の必要性からではなく，むしろ学問的興味から進められたためということであろうか．

マイワシの漁獲量は1953年に34万トンに回復して以後次第に減少していった．産卵量推定の研究を発表した年の1955年の漁獲量は21万トン，マイワシ資源利用の適正化に関する論文を発表した1958年には14万トンにまで下がっていた．小羽の漁獲の制限は実行されること無く，資源はみるみる衰退していった．資源研究の話が，死んだ子の思い出を語るようなものになってしまった．日本の資源研究は，しばしばこのような経過をたどっている．

VI. サケ・マス
── 親と子の量的関係 ──

1. サケ・マスについて

　サケ・マスとは鮭鱒（けいそん）のことである．これらの漢字が当用漢字にないために仮名で表記し，読み方も「けいそん」ではなく「さけます」となったものと思われる．英語では salmon であるが，正確には Pacific salmon といわなければならない．生物学的に厳密に言うと，サケ属（*Oncorhynchus*）をさす．一方従来の分類によるニジマス属のニジマスやイワナ属のカワマスもマスと呼ばれるために混同しやすいが，これらはサケ・マスではない．サケ・マスには普通 7 種が認められている．日本で最も多いのがシロザケで，新巻になるのもこれである．日本にはあまり多くないが，世界的に数の最も多いのが小型のカラフトマスである．缶詰用として最も高価なのがベニザケで，これの燻製もなかなかうまい．海に降らないベニザケの仲間のヒメマスは，北日本各地の湖に棲んでいる．ギンザケも養殖ものをのぞいて日本にはいないが，アメリカ，カナダでは釣りの対象としても重要である．マスノスケは英語で king salmon といい，サケ・マスの仲間では最大である．目方が 10 kg 以上にもなり，大きいものでは 35 kg にも達するという．日本の河川には遡上しないが，シベリア産の魚が岩手県あたりの沿岸の定置網などに入ることがある．アジア側にしかおらず，しかも日本に多いのがサクラマスで，若い頃はヤマメと呼ばれ，重要な川釣りの対象魚である．サクラマスの雄には一生を川でヤマメとし

て過ごすものも多い．サクラマスに似て琵琶湖に棲む種類をビワマスという．琵琶湖とこれに注ぐ河川の間を往復していて，海には降らない．ビワマスと同じ種類だが河川に棲んでいるものをアマゴという．アマゴの中には海に降るものもいる．

サケ・マス類の特徴は，川で生まれ，海に降って育ち，再び川に遡上して産卵し，そこで一生を終わることである．ニジマスなども海へ降るが，河川で産卵後再び海に降り，一生に2回以上産卵するものもある．サケ・マスには2度産卵するものはない．海へ降らないヤマメが2回産卵したという話もあるが，これは全く例外的である．海へ降らず一生を淡水で過ごすものもかなり多い．ヤマメやヒメマスがこの例である．

海へ降ったり，成熟して河川へもどってくる年齢は，魚種によって決まっている．カラフトマスとシロザケは，秋に親が産卵し，川の砂利のなかで卵のまま冬を過ごす．卵は砂利のなかで孵化し，春になって外に出てくるとすぐ海へ降り，カラフトマスは海で1冬，シロザケは1冬ないし5冬過ごしてから，産卵のために河川に遡上する．カラフトマスは全ての個体が，卵として生み出されてから満2年で産卵して死ぬ．シロザケは普通海で3冬過ごした満4歳魚が最も多い．海で1冬過ごしただけで成熟するのは雄だけである．孵化後すぐ海へ降るカラフトマスとシロザケには，一生を淡水で過ごす個体は知られていない．

ベニザケは春に孵化すると，川を降って湖に入り，まずそこで1冬ないし2冬を過ごす．湖をもたない川には遡上しない．シロザケやカラフトマスは大小様々な河川に遡上するので，分布は連続的であるが，ベニザケは比較的大きな特定の河川にのみ遡上する．湖で生活する間に体長10 cm近くにまで成長した幼魚は，春に海に降る．海では普通2冬ないし3冬を過ごす．雄の一部は海で1冬過ごしただけで成熟して，河川にもどってくる．早熟雄は他に比べて魚体が著しく小さく，ジャックなどと特別な名で呼ばれている．

ベニザケには一生を淡水で過ごすものがある．ヒメマスやカナダのコカニーなどがその例である．これらはベニザケとは同じ種であるが，遺伝的に海へ降

らない性質を持ってしまったらしい．このようなサケ・マスを陸封型という．中には降海型が物理的に淡水域に閉じこめられて文字どおり陸封型になる場合もあるが，道が通じていても降ろうとしない型もある．カナダの湖では陸封型と降海型が同居している．

ギンザケもベニザケ同様，淡水で1冬ないし2冬を過ごす．しかしベニザケと違って，必ずしも湖を必要とせず，河川で過ごすものも多い．降海時には約10 cmに成長している．海ではほとんど例外なく，ただ1冬を過ごす．この点ではカラフトマスに似ている．海で1冬しか過ごさないギンザケは，2冬以上過ごすベニザケよりむしろ大型になる．それだけ成長がよいのである．ギンザケにも陸封型のあることが知られているが，もともとギンザケはベニザケより数が少ないこともあって，あまり研究されていない．

マスノスケの年齢は最も変化に富んでいるようだ．棲息域の南部では孵化直後に海に降るものもあるが，2，3ヶ月から1年を淡水で過ごすものもある．北方の河川では，全て少なくとも1年は淡水に留まる．南寄りの地域での成熟年齢範囲は1～6歳におよび，4ないし5歳が多い．北寄りの地域では，成熟年齢が1年程度高く，大部分が5～6歳で成熟する．

サクラマスの発育テンポはギンザケのそれによく似ている．すなわち，淡水で1冬あるいは2冬を過ごし，海で1回越冬後成熟して回帰する．海で2冬を過ごすという報告もあるが，これはむしろ例外的なものらしい．淡水1回越冬のものが2回越冬のものより圧倒的に多い．淡水中では主として河川で過ごし，ヤマメと呼ばれ渓流の重要な釣り対象魚種になっている．海に降る頃になると，淡水期特有の模様が消えて，銀白色のいわゆる銀毛になる．銀毛ヤマメは4月ないし5月の春の雪融け時期に次第に川を降って海に入る．降海幼魚の大きさは，他のサケ・マスに比べて大きく，15 cm前後に達する．シロザケが十分に成熟してから秋に河川に遡上してくるのに対して，サクラマスは，降海した翌年の晩春から初夏に，あまり成熟していない状態で川に上ってくる．そして川の中で餌を取りながら，秋に向けて徐々に成熟していく．

サクラマスには海に降らないものが多い．雌の多くは海に降るが，逆に雄の多くは一生を淡水で過ごす．淡水に残った雄は，引き続きヤマメとして釣りの対象となる．このようなヤマメは大部分雄ということになる．全く降海型のない川では，雌雄の比はもちろん 1：1 である．淡水で生活するヤマメの成長は，降海型に比べて著しく悪い．満 2 年で 20 cm，満 3 年で 25 cm くらいにしかならない．一方，海に降ったものは，平均 50 cm，大きいものは 70 cm 以上に達する．

海で生活している間のサケ・マスは銀白色だが，産卵のために河川に遡上してきたものは，種によっていろいろな色をしている．シロザケは，数本の不規則な黒い縦縞が現れ，「ぶなけ」と呼ばれ，薄汚い．サクラマスも黒い縞ができるが，縞の間が紅色になり，黒い部分は墨を塗ったような真っ黒になる．一番美しいのはベニザケだろう．緑色がかった頭を除いて，全身が美しい紅色になる．50 cm もある真っ赤なベニザケが，幅数メートルの川を群れをなして遡上してくる有様は壮観である．

体表に色が出るのは，筋肉中の色素が体表に移るかららしい．ぶなけになったシロザケの身は，サケ・マス特有の赤い色が失せて，いかにもまずそうである．海で獲れるベニザケの身は美しい赤い色をしているが，真っ赤になった遡上親魚の肉は色あせて白っぽい．同じサケ・マスでも，成熟があまり進んでいない状態で遡上してくるサクラマスは銀色をしていて，肉もうまい．日本の河川は短いので，秋に日本に回帰してくるシロザケは，沿岸に到着した段階ですでにぶなけが出はじめている．これに対して，春シベリヤ方面への回帰の途中に日本の沿岸で漁獲されるシロザケは，「ときしらず」と呼ばれ，銀白色で美しい．味もこの方がよいとされている．

サケ・マスは河川の水深数十 cm で，底が砂利におおわれている所で，雌が尾びれで砂利をはたいて，河床に径 1 m くらいのくぼみを掘り，そこに産卵する．雄雌各 1 尾が横に並び，腹をくぼみの底にすりつけるようにして，そろって大きく口を開けて，放卵放精をする．一瞬煙のように白い精があたりに広が

る．卵はくぼみの底に落ち，精はくぼみの中に渦巻く流れによって，広く卵の上にふりかけられ，受精する．数回同じことを繰り返して産卵が終わると，雌が再び尾で砂利をはたいて，くぼみを埋める．砂利に埋められた受精卵は，砂利の隙間を流れる水から酸素をとって発育し，2～3ヶ月くらいで孵化する．そして春になるまで砂利の中に潜んでいるが，4，5月頃砂利の中から泳ぎだしてくる．

　産卵を終わると，やがて親は死んでしまう．結婚のための装いも色褪せ，泳ぐ力もなくなって，流れのまにまに流されていく．川の中の杭に引っ掛かったままの白ちゃけた親魚が，身動きもせず，ただ口だけを動かして呼吸を続けている様は，誠に哀れである．産卵場の付近の河原には点々と死骸が転がっている．死骸のことを「ほっちゃり」と呼んでいる．気温も水温も低いので，腐敗して臭気が漂うというようなことはないが，プラナリアに身を食べられて，皮と骨だけになったほっちゃりなどは，やはり気味が悪いものだ．しかしこれらのほっちゃりは，やがて水に解けて栄養分となり，次世代の子供たちの餌の繁殖に役立っているとすれば，これもやはり自然の法則なのだろう．

2. 環境の収容力

　産卵場は，広い川の中でも，特定の場所に偏っている．生まれた卵の発育に適した場所は限られているらしい．だから，よい産卵場では，産卵親魚が込み合っている．他の親の産卵床を，あとから来た親が掘り返してしまうこともある．掘り返された産卵床の卵は表面に放り出されて，鳥や他の魚に食われたりして，死んでしまう．一定面積の中に有効に産卵される量には限りがある．産卵群の数があまり多いと，普段は産卵場でない所で産卵するものも出てくる．このような場所での卵の生残率は，当然正常な産卵場での生残率より低くなる．だから，親が多いほど有効な産卵量がふえるというわけではない．

　日本では，サケ・マスの自然産卵はほとんどない．川の中でサケ・マスを獲

ることは禁止されているが，自然に産卵させようとすると，密漁で皆持っていかれてしまうので，河口に遡上して来た所で残らず捕獲してしまい，卵を孵化場で育てるからである．また，河川を改修したり，砂利の採集を行なったりして，産卵に適した環境も著しく少なくなっている．孵化場で卵を孵化させるには，水さえあればよい．水と空間は無駄なく効率的に利用されるので，小さな孵化場でも数百万粒を容易に扱うことができる．大きな孵化場では何千万粒もの卵を孵化させている．産卵場の収容力の限界は，孵化場を造ることによって克服できる．

しかし，収容力に限界があるのは産卵場だけではない．幼魚の生活する淡水域や降海直後に過ごす沿岸域の収容力，さらにはサケ・マスが広く分布している沖合水域の収容力も問題である．ベニザケ幼魚は，1冬ないし2冬を湖で過ごし，夏の間盛んにプランクトンを食べて成長する．湖の大きさには限度があるので，幼魚が込みあい過ぎると成長が悪くなる．海に降る時の幼魚の大きさによって親になって回帰する率がかなり違うので，淡水生活期の成長が悪いということは，重要な問題である．カナダのJohnson（1965）が，カナダやシベリアの湖におけるベニザケ幼魚の成長を比較したところ，何れの湖でも，8月での密度が1ヘクタール当たり5,000尾を越えると，成長が悪くなることがわかった．

近年日本での孵化放流事業が成功し，千万尾を越えるシロザケが回帰して来るようになった．これに対して，外国の科学者が，太平洋を日本のサケ・マスだけで独占してしまっては困るので，孵化放流事業は国際的合意の上で進めてほしいと要求してきたという．その論旨が正しいかどうかは議論のあるところだが，太平洋といえども，その収容力は非常に大きいとしても，そこに限界のあることは確かである．放流数の増大とともに，北海道に回帰するシロザケの小型化が問題になっている．サケ・マスの資源問題を考える時，この環境の収容力の限界を知ることが，一つの基本的問題である．

3. 親子の量的関係，再生産曲線

　環境の収容力の限界を知ることは，たとえ淡水域であっても容易でない．密度が影響しているかどうかを知るだけならば，比較的やさしい．産卵魚の数が多くて，他の魚の産卵床を別の魚が掘り返すようになれば，込み過ぎているなと判断できよう．また先に述べた Johnson の研究によると，ベニザケ幼魚の湖の中の密度が高過ぎると，餌が不足して成長が悪くなる．しかしこれらの密度の影響が，最終的な収穫量にどのように影響しているかは，また別の問題である．他の魚の産卵床を掘り返すくらい濃密に産卵させる方が，狭い産卵場の有効利用にかなっているかもしれない．成長が多少悪くなっても，もともと淡水期の成長は海の中での成長に比べてほんのわずかのものであるから，湖の中にはできるだけ多くの幼魚を詰め込んだ方がよいかもしれない．あるいは逆に，成長が悪くなると海の中での他の魚による食害などの影響が著しく大きくなって，密度を倍にすると，回帰率が半分以下に減少するということにでもなると，湖の中に幼魚が沢山いるということは考えものだ．

　このように，サケ・マスの卵が産卵され，孵化し，海に降って立派な成魚に成長し，再び沿岸にもどって来るまでには，多くの段階がある．さらにそれぞれの段階での経過が次の段階以降に影響することもある．個々の段階での密度の影響を調べ，その段階に対応した環境の収容力を知っただけでは，サケ・マスの一生を通しての収容力の限界，つまりある水域で生産し得るサケ・マス親魚の総量の限界を明らかにすることはできない．もちろんそのような研究は，サケ・マス資源を合理的に管理するためには，不可欠である．しかし収容力を段階別に明らかにしただけでは不十分だし，また段階別に明らかにすること自体が，特に海洋生活期については著しく困難である．

　そこで，少しマクロに考えて，産卵親魚の量と，その産卵に由来する子世代の成魚の量を比較してみようということになる．つまり途中の諸段階を全てブラックボックスのなかに入れてしまって，産卵のために河川に遡上する親魚量

をインプットとし，生まれた卵から育った子供達が海で成長して，数年後に成魚となって沿岸に回帰してくる量をアウトプットとして，両者の関係を，経験的に調べようというわけである．産卵親魚は，これを漁獲すれば立派に商品として売れるものであるから，漁獲をしないで川へ上らせるということは，それだけ投資をしたことになる．回帰成魚は投資からの収入である．収入額から投資額を差し引いたものは利益額になる．投資額と収入額の関係がわかれば，少ない投資でなるべく収入を多くするような戦術を考えることができる．

産卵親魚量を横軸にとり，その産卵に由来する子世代の成魚量を縦軸にとって，両者の平均的な関係を示した曲線を再生産曲線と呼ぶ．この親子関係の図の上で，親と子の量の等しい点は，原点を通る傾斜が45°の直線上にある．再生産曲線が45°の線の上側にある所では，親の量より子の量が多いから利益が得られる．再生産曲線の方が下にあれば，親の量より子の量が少ないので，欠損となり，このような状態が続くと，資源はやがて絶滅してしまう．再生産曲線が描かれると，このような議論が可能となる．

4. 資源管理の問題

さてここで，水産資源の管理の問題を少し考えてみよう．東シナ海・黄海の底魚資源の管理を考えたとき，加入量当たり漁獲量を問題にした（Ⅲ.）．つまり与えられた加入量を，その年級の一生を通じて，最も有効に利用しようとしたわけである．このような議論が許されるのは，多くの資源で，毎年の加入量が比較的安定しているか，あるいは漁業とは無関係に変動しているからである．ここでは，資源に加入した魚を，若いうちに獲った方がよいか，大きく成長してから獲った方がよいかが問題になっている．したがって，ある年級が何年にもわたって漁獲の対象となることが一つの前提である．

ところで，加入量が安定しているといっても，それは程度問題であって，若いうちから強度に漁獲を加えて，産卵親魚がほとんどいなくなってしまえば，

VI. サケ・マス

加入量も小さくなってしまう．とすると，少なくとも必要な種だけを残しておかなければならない．マイワシの資源管理で，産卵親魚を減らさずに漁獲量を増加させる方向を考えたのはこのためである（V.）．ここでは，産卵親魚の数と，その産卵に由来する子の数の間の関係，すなわち再生産曲線が問題となる．このように，水産資源の管理には，いかにして加入量を確保するかという問題と，与えられた加入量をいかに有効に利用するかという問題の2つの面がある．

このように2つの面が分けられるのは，魚が，資源への加入前と加入後で，異なった死亡の傾向をもっているからである．資源へ加入するまでに発育した魚では，一般に死亡率は安定している．魚の密度による死亡率の変化や，年による変化は，あったとしても小さい．一方，加入する以前の魚は，特にその発生初期において，死亡率は年々大きく変動し，また密度によって死亡率の変わってくる密度依存的死亡が作用している．したがって，親が多いほど，それに比例して加入量が多くなるわけではない．適当な親の量というものが存在する．

サケ・マス類の漁獲は，産卵のために沿岸に接近してきた時に集中的に行なわれる．昔の漁業は，河口あるいは川自体の中で行なわれていた．しかも一度産卵すると全て死んでしまう．だから，若いうちに獲るとか，大きく成長させるというような問題は存在しなかった．河川に遡上してきたサケ・マスは非常に漁獲されやすい．川を塞ぎ止めてしまえば，1尾残らず捕まえることもできる．しかしそれでは次の世代がなくなってしまうから，何尾の親を川の上流の産卵場まで上げてやるかが問題になる．サケ・マス資源管理の問題は，加入量確保の問題だけだったわけである．

日本が外洋でサケ・マスを獲る沖獲り漁業を始めてからは，事情は若干変わってきた．沖合では，親魚が河口にたどりつく数ヶ月前から漁獲が開始される．そしてその数ヶ月間にサケ・マスはなおかなり成長する．沖で獲った方がよいか，河口にくるまで待つべきかという問題が生ずる．沖獲りでは，その年には成熟せず，翌年以降になって初めて成熟する未成魚も漁獲される．量的には成魚より少ないが，河口に到着するまでの時間が長く，成長の量も大きいので，

先取り，後取りの問題は一層深刻である．

このように沖獲りが始まったために，サケ・マスについても加入量当たり漁獲量の問題が生じたが，漁獲の対象となる期間は数ヶ月か，せいぜい1年余りであって，底魚などのような長寿命の魚とは異なっている．また，河口で産卵群を獲り尽くすことが可能なので，河口での漁業を規制して，適正遡上量を確保しなければならない点では変わりない．したがって，サケ・マス資源管理の中心は，適正親魚量を河川ごとに明らかにして，これだけの親魚の遡上を確保するように漁業を規制することにある．適正親魚量の決定のためには，再生産曲線の推定が欠かせない．

5. サケ・マス資源管理の理論

再生産曲線の形は，卵から資源への加入までの間の密度依存的死亡のあり方によって決まる．もし死亡が全く密度独立的であれば，加入量は卵の量に比例する．卵の量はだいたい産卵親魚の量に比例するから，この場合，子世代の加入量は産卵親魚の量に比例することになる．もし込み合いの度合いが強いほど死亡率が高くなれば，親の量が多くたくさんの卵が生まれた時はそれだけ死亡率が高くなり，加入してくる量が親の量に比べて相対的に少なくなる．親が少ないと死亡率が下がり，比較的多くの子が加入してくる．資源が何らかの作用を受けて減少してしまった時には，このようにして回復が早められる．逆に資源がふえすぎると，これを減らしてしまうような力が作用する．そのために資源は，外部からの擾乱にもかかわらず，比較的安定を保つことができる．

今，生まれてから以後の死亡率が，それぞれの時点での密度によって決定され，密度が多いほど死亡率も高くなるとすると，親と子の量的関係は図6-1のaのようになる．親の量が少ない時には，子の量は親の量に比例して多くなるが，やがて子の量は頭打ちになって，親の量が著しく多くなるとある値に漸近する．このような再生産曲線をベバトン・ホルト型再生産曲線という．この型

では，親が多すぎると子の数が逆に少なくなるという，いわゆる行き過ぎ現象は起こらない．それぞれの時点での死亡率が，その時の密度によって決定されるという密度依存的死亡のあり方が，行き過ぎを防いでいるのである．

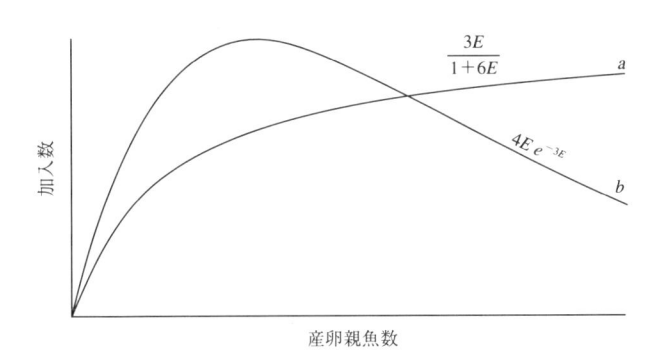

図6-1 再生産曲線の例．a：ベバトン・ホルト型，b：リッカー型

この仮定は，生物学的に見ておかしい．密度が高過ぎて餌が不足したとしても，その瞬間に死亡率が高くなるわけではない．餌が不足し，摂食量が減少すると，次第に活力が衰えて，やがて害敵に食われたり，あるいは飢え死にしたりする．つまり高い密度の悪影響が実際に現れるまでに時間的遅れがある．すぐには死なないために，高い密度が継続し，やがて高い死亡が起こって数が減りだした頃には，もうどの個体も餌をとる活力もないほど弱っている，というようなことになると，行き過ぎの起こる可能性がある．

時間遅れの現象を簡単な型で死亡のモデルのなかに組み込んだものとして，ある時点での密度がその後の死亡率を決定するというモデルが考えられる．このモデルだと，再生産曲線は図6-1のbのようになる．ある親魚量の時に子の加入量が最高になり，これより親が多すぎると，子の量は逆に減少する．この曲線をリッカー型の再生産曲線という．再生産曲線がドーム状になって，行き過ぎ現象の起こるのがこの型の特徴である．

ベバトン・ホルト型の再生産曲線を式で表わすと，Eを産卵親魚量，Rを次

世代の加入量として，

$$R = aE / (1 + bE)$$

となる．ここで a, b は曲線の形を決定するパラメタである．E が小さい時は，曲線は，原点を通る傾斜 a の直線に近似する．E が大きくなると，R は a/b に漸近する．曲線の形は双曲線である．一方，リッカー型の曲線の式は

$$R = aE \exp(-bE)$$

この曲線も，E が小さいときは，原点を通る傾斜 a の直線に近似する．R は $E = 1/b$ のところで極大となり，E がこれを過ぎると減少して，E が大きくなるにつれて 0 に近づく．

　サケ・マスの場合，加入量 R がすなわち次世代の産卵親魚量であるとすると，どちらの曲線をとっても，親子の量の等しい場合を示す原点を通る傾斜 45°の

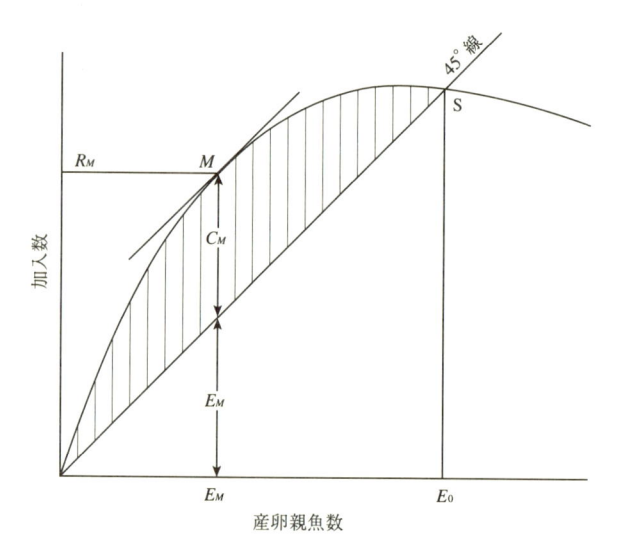

図 6-2　再生産曲線と収穫可能余剰分

直線は，図6-2のように，曲線を左下から右上に突き抜けている．この交点Sでの親の量をE_0とする．$E > E_0$であれば，曲線が直線の下にくるので，次世代の親魚量は減少する．$E < E_0$であれば，曲線が直線の上にあるので，次世代の親魚量は増加する．もし$E = E_0$になると，$E = R$となり，親魚量は毎世代等しく，資源は安定する．つまり，最初の資源量がいくらであっても，資源はやがてE_0となって安定するか，少なくともE_0を中心にして振動を続ける．

　曲線が直線の上側にある部分では，親の量より子の量の方が多いので，子世代をそのまま産卵させると，産卵群の個体数が親世代より多くなる．そこで，子世代の方が多い分だけ漁獲によって取り除いてやると，産卵群の個体数は親世代と等しくなり，資源は安定し，かつ取り除いた分だけ収穫のあったことになる．曲線が直線の上側にある部分，つまり図中の縦線の部分が収穫可能な余剰分である．このような形での最大の収穫は，図6-2に示したように親魚量がE_Mで，R_Mだけの加入があるときに得られる．R_MからE_Mを差し引いた分，すなわち図中のC_Mが最大の漁獲量で，かつこの点で資源は安定するのであるから，C_Mは持続可能である．C_Mは最大持続生産量MSYである．

　もし毎年E_Mだけの産卵親魚を川へ遡上させて産卵させると，毎年の漁獲量が最大になる．だからE_Mは，MSYを達成する，つまり物的生産を最大にするという目的からいって，最適産卵親魚量である．C_M / R_Mはその時の漁獲率（漁獲利用率）で，最適漁獲率といえる．漁獲率をこれより高めると産卵群がE_Mより少なくなり，漁獲量もC_Mより小さくなる．Eが小さいところでの曲線の傾斜は，何れの再生産曲線でも，aであった．つまり子の量Rが親の量Eのa倍になっている．この時の収穫可能な余剰の率は

$$(aE - E) / aE = (a-1)/a$$

である．Eが大きくなるほど密度依存的死亡の影響が強まってR/Eはaより小さくなる．だから，もし漁獲率を$(a-1)/a$より強めると，子世代の産卵親魚は常に親世代のそれより少なくなって，資源はやがて絶滅する．$(a-1)/a$

が資源の耐え得る漁獲率の限界である．漁業は，漁獲率を C_M/R_M に保ち，産卵親魚量を E_M に維持するように管理されなければならない．また漁獲率が絶対に $(a-1)/a$ を越えないようにしなければならない．

6. 親子関係の求め方

　サケ・マスの資源管理に当たって，親子の量的関係を明らかにすることが基本的に重要である．ここでは，親子関係の求め方や，その実例を示そう．

　サケ・マスの親子の量的関係を知るために，色々な調査が進められている．まず河川で産卵した親の数を知る必要がある．一番確かな方法は，川を横断してやなを設け，狭い水路を通って上流に遡上するようにして，通過する親魚数を数える方法である．カナダやアメリカの主要な遡上河川では，このような設備がととのえられている．やなを設けられないような大きな川では，標識放流が有効である．川に遡上してきたサケ・マスの一部を漁獲して標識札を付けて放流し，産卵場で産卵中の親魚，あるいはほっちゃりを調べて標識札を探す．n 尾を調べたところ，その内の m 尾に標識が付いていたとする．標識を付けて放流した総数が S であったとして，川に遡上してきた総数は $N=Sn/m$ によって推定できる．サケ・マスは人里離れた山の中の無数の大小河川で産卵する．そんな河川の全てについてやなをかけたり，標識放流をするのは不可能だ．だからあまり重要でない河川では，産卵期に1回見回りをして産卵場での親魚の数を数えたり，あるいは飛行機で飛びながら，上空から数を調べたりする．カナダやアメリカの主要な河川では，このようにして，毎年の遡上親魚数が調べられている．

　沿岸に回帰してきた子世代のサケ・マス群は，沿岸で漁獲され，漁獲を逃れたものは川に遡上して産卵場に向う．だから産卵親魚数を調べる一方で，漁獲尾数を調査しなければならない．漁獲尾数と遡上親魚数を加え合わせたものが，その年の総回帰数である．ある年の回帰群はいくつかの年齢群を含んでいるの

で，生まれた年が同一ではない．だから，漁獲物や遡上群の年齢組成を調べて，ある年の回帰総数を生まれた年別に振り分ける．このような資料が毎年得られておれば，たとえば1990年級の総回帰数は，1993年の3歳魚，1994年の4歳魚，1995年の5歳魚のそれぞれの回帰数の和として求められる．

　回帰数を知るにはもう一つの問題がある．サケ・マスは母川回帰性が強いので，河川に遡上した魚がその河川生まれであることはほぼ確かである．しかし海の中では，いろいろな河川からの群が混合しているかも知れないので，漁獲物を生まれた河川別に振り分ける必要がある．このための最も有力な方法は，各地の漁場で標識放流をすることである．それらの標識魚を産卵場で回収することによって，その河に遡上する群がいつごろどこを通って河口まで帰って来るかがわかる．カナダやアメリカの漁業は河口付近で行なわれる場合が多いので，多くの河川からの群が混合することは少なく，漁獲物の河川別の振り分けは比較的容易である．一方，沖獲り漁業では，広範な地域からの群が混合して

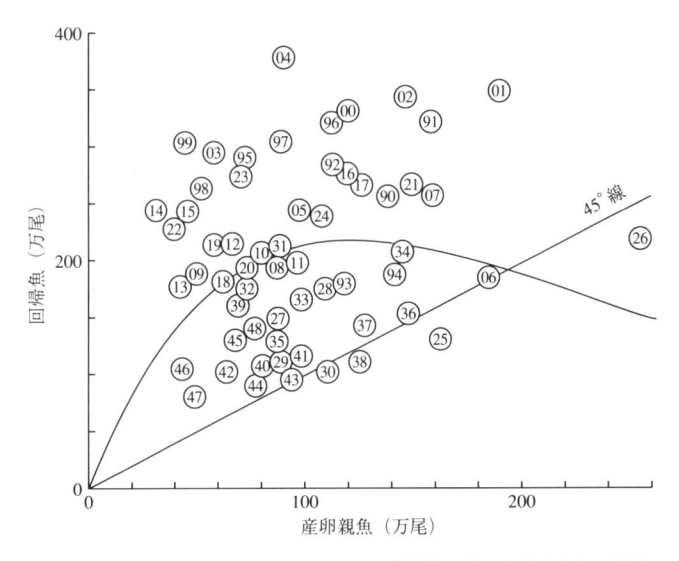

図 6-3　アラスカ，カーラック河ベニザケの産卵親魚数と回帰成魚数の関係．
　　　　図中の数字は西暦年（Rounsefell, 1958 のデータによる）

いるので，大まかな地域的振り分けはできたとしても，これらを細かく河川別に振り分けることは一般にはできない．

ある年の産卵親魚量とその年生まれの年級の総回帰量がわかれば，前者を横軸に，後者を縦軸にとって，親子の量的関係を図示することができる．その一例が図6-3である．これは，アラスカのコディヤク島にあるカーラック河での，ベニザケの例である．図中の曲線は，当てはめられたリッカー型の再生産曲線である．親子関係の大体の傾向は再生産曲線で表わされているとしても，個々の点のばらつきは大変大きい．親子関係をプロットしてみると，多くの場合，このように加入量の変動は非常に激しい．

カーラック河の年級別の総回帰量を示したのが図6-4中の細線である．回帰量は5年前後の周期で大きな変動を繰り返している．5年という値は，カーラック河のベニザケの平均的成熟年齢に相当している．このように，サケ・マス類では，平均的成熟年齢を周期とする変動がよく見られる．2年で成熟するカラフトマスは西暦の奇数年と偶数年で，その資源水準が異なっている．4歳で回帰するものが一番多い日本のシロザケでは，4年ごとに豊漁年がめぐってくる．

5年周期の大きな変動を消して，長期的変動傾向を見るには，5年の移動平均をとるのがよい．図6-4中に太線で示したように，激しい上下の振動がなくなり，ゆったりとした変動が現れる．毎年の遡上産卵親魚数もほぼ5年の周期

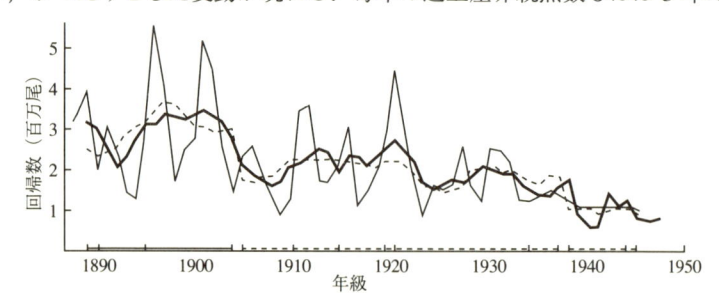

図6-4 アラスカ，カーラック河ベニザケの回帰数（細実線），回帰数の5年移動平均（太実線），回帰数期待値（破線）（田中，1962）

VI. サケ・マス

変動をしているので，これも 5 年の移動平均をとって平滑化する．このようにして平滑化された移動平均の値を用いて親子の量的関係を描くと，図 6-5 のようになる．点のばらつきはやはり大きく，全体としてみると遡上親魚数が多いほど総回帰量もより高くなる傾向があるように見える．しかし，各点の時間的経過をたどると，1904 年級以前，1905～38 年級，1939 年級以後で，点が完全に分離していて，混合しあっていないことが，特異な現象として目に付く．これらの期間ごとに別々のリッカー型再生産曲線を当てはめると，図 6-5 に示したように，曲線の当てはまりの非常によいことがわかる．

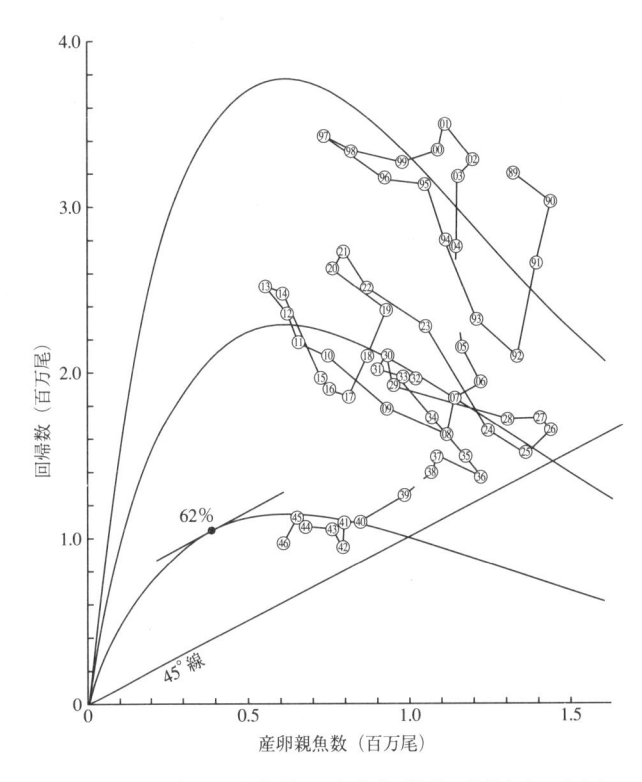

図 6-5　産卵親魚数および回帰数の 5 年移動平均間の関係と当てはめたリッカー型再生産曲線（田中，1962）

再生産曲線を用いて1889年以来の回帰量の変動を説明してみると，以下のようになる．1892年級から1897年級までは，遡上親魚数の漸減につれて総回帰量は増加したが，1898年級以降遡上数が増加したために総回帰数は減少傾向を示した．1905年級になると，不連続的に生産性の低下がおこり，総回帰数が著しく減少した．その回帰数の減少が遡上数の減少をもたらし，そのため総回帰数は次第に回復し，1921年級まではかなり高い総回帰数の水準が維持された．しかし1922年級以降遡上数が顕著に増加し，総回帰数は減少した．その後遡上数の減少につれて1930年級まで総回帰数の漸増が見られたが，再び遡上数が増加して，1936年級にかけてかなり急な総回帰数の減少が起こった．1939年級以後は，生産性が一段と低い水準に落ちた．毎年の遡上親魚数としては5年の移動平均値を用い，総回帰数の期待値を図6-5の再生産曲線から読み取って，図6-4中に重ね合わせると，破線のようになる．太線の変動傾向をよく再現しているといえる．

再生産曲線が異なると，MSYを与える最適遡上数の水準も異なる．図6-5の再生産曲線で，MSYを与える遡上数を見ると，1904年級まで，および1905年級から1938年級までは約50万尾が最適水準となる．1939年以後は40万尾程度まで下がっており，この水準での漁獲率は62％となっている．もし以上の推論が正しいものとすると，観測された全期間で遡上数が最適値を上回っていたことになる．つまり漁獲をもっと強めておけば，平均してより高い総回帰数が得られ，したがって漁獲量も多かったはずだと言える．この結果は当時の科学者たちの常識とは異なっている．漁獲量や遡上数の統計からだけでは，なぜ生産性の水準が変わったのかを説明できないし，本当に変わったのかどうかの証拠もない．

カーラック河では環境要素の観測も続けられているが，生産性の水準の変化に対応するような変化は明らかでない．もし淡水域での環境が悪化すると，成長が低下して，湖で2冬を過ごす幼魚の数が増加するはずであるが，この点も明らかではない．つまり，統計数字の解析結果を裏付けるような生物学的知見

は得られていない．もちろん，サケ・マスの生産性が，数量的には評価できないような要因，あるいは全く観測されていなかったような要因によって引き起こされた可能性もあるが，裏付けのない統計数字の解析結果は，その適用に当たって慎重でなければならない．

　サケ・マスが成熟年齢に等しい周期変動をすることの原因の一つとして，親子の量の比例的関係が考えられている．つまり回帰の多かった年には遡上数も多くなり，そのためその子世代の回帰も多くなるというわけである．もし図6-5の再生産曲線が正しいとすると，この関係は全く逆になり，遡上の多かった年の子世代の量は，むしろ少なくならなければならない．親が多いから子が少ないということでは，5年周期の変動が説明できなくなる．あるいは，長期的変動傾向と短期的変動傾向は別の法則によって支配されているのかもしれない．

　アラスカのブリストル湾のベニザケでも，顕著な5年周期の変動が見られる．1932～33年級，1937～38年級，1942～43年級の回帰は著しく高かった．これに比べて1934～36年級，1940年級，1944～45年級は，遡上親魚の水準が回帰のよかった年級に比べて決して低くないのに，回帰量は半分ないしそれ以下に過ぎなかった．カナダのフレーザー河のベニザケは，大部分が4歳で成熟し，きわめて明瞭な4年周期をもっている．そして面白いことに，豊漁時代にはその周期性が特に顕著である．これらのことから，年級間の干渉が周期性の原因であろうと推定している人もいる．巨大な年級が淡水域の環境を悪くし，そのためにこれに続く年級の生き残りが低下するらしいという．もしベニザケ幼魚を食べる害魚が，周期的に現れる優勢年級のために高い量的水準に維持されているとすると，弱小年級の場合，多数の害魚が少数の餌を奪い合うことになり，幼魚の食害の影響は著しく高められる．これらの仮説は，原理としては興味があるが，実証的な裏付けが少なく，また，それだけで周期性を説明するには不十分なように思われる．淡水や海を含めて，全生活期を通じて，サケ・マスの生態をもっと知らなければならない．

Ⅶ. ブリとモジャコ
── 標識放流で何がわかる ──

1. モジャコ研究の経緯

　魚の中には，成長の段階に応じて呼び名の変わるものが多い．その中でもブリは，魚体の大きさによっていろいろと名称が変化する．呼び方は地方によって異なるが，神奈川県では 30 cm 前後から 70～80 cm の大型まで成長するに従い，ワカナゴ，イナダ，ワラサ，ブリと変わっていく．関西の方に行くと，40 cm 前後のものをハマチと呼んでいる．このように名前が変化するために，出世魚として喜ばれる．モジャコとは，ブリの最も小さい段階のもので，ほぼ体長 20 cm 以下の幼稚魚である．

　こんなに小さなものであるから，かつては商品価値もなく，漁業の対象などにはならなかった．ところが，春にモジャコを採捕して，これに餌を与えて育て，ハマチくらいの大きさにして売る養殖方式が盛んになってきて，様子が一変した．幼魚の大量採捕が，当然のことながら，資源管理上の問題となってきた．そのために水産庁は，1963 年から 3 年間，「モジャコ採捕のブリ資源に及ぼす影響に関する研究」を実施することとなった．研究のまとめ役に当たった水産庁東海区水産研究所の当時の日高武遠所長は，この研究の報告書（1966）の序の中で，研究を始めるに至った事情を次のように述べている．

　「ハマチの養殖が盛んに行なわれるようになったのは，ここ 5, 6 年来のことである．あれがやれば俺もやるでモジャコの需要が 2,000 万尾にも達し，この

まま放置しておいてもよいものかと懸念されはじめた．丁度この頃（1962年春）当時の伊東水産庁長官が，高知県に行き地元定置網漁業関係の人達と会った時，近年ブリの不漁はモジャコの採捕が大きく影響しているらしいからこれを捕らぬようにしてもらいたいと噛みつかれ，緊急解決事項としてとりあげたことから考えて純然たる行政対策研究として始められたものである．」

　かくして，黒潮流域のほとんど全ての水産研究所と水産試験場（4水研，14水試）が参加して，ブリやモジャコについての調査・研究が始まった．当時のブリの漁獲量を示すと，図7-1のようになる．1950年代後半にブリ漁獲量は減少したが，太平洋側で特に目立つ．大型のブリを主体に漁獲する定置網の漁獲量の減少が顕著で，1960年代まで続く．一方，モジャコの漁獲量は，1962年に1,000万尾を越え，さらに1965年には2,000万尾以上に達するという急上昇ぶりであった．この頃若齢未成魚に対する漁獲も強まっていた．

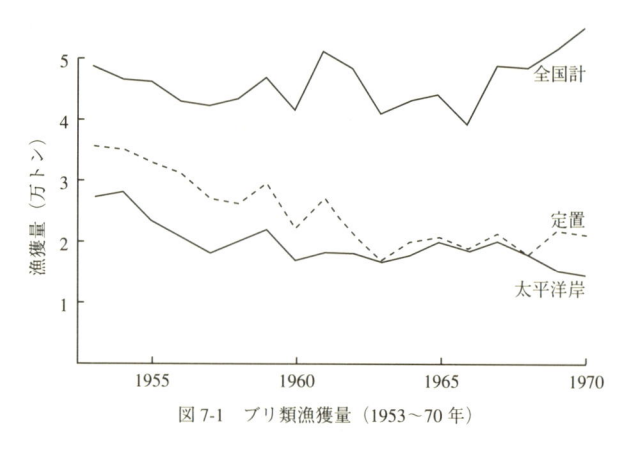

図7-1　ブリ類漁獲量（1953～70年）

　モジャコは約3年すると成魚になり，立派なブリとして漁獲されるようになる．もちろんその3年間に他の魚に食われたりして死ぬものは大変な数になるだろうから，モジャコを2,000万尾漁獲したからといって，ブリ成魚が2,000万尾減るわけではないし，またもしモジャコ間で過密の効果が作用しているならば，人間が多少間引いてやった方が，かえってモジャコの生残をよくするこ

Ⅶ．ブリとモジャコ

とになるかもしれない．しかし一方でブリの漁獲量が減少傾向にあり，そのブリを主漁獲対象としている定置網漁業者が，その不漁の原因としてモジャコ採捕を目の敵のように思う気持ちもわかるし，今は全く影響がないとしても，このような勢いでモジャコ採捕を拡大すれば，将来は必ず何らかの影響を及ぼすようになるだろう．だから，モジャコ採捕が実際にどのような影響をブリ資源に及ぼしているか，またモジャコ採捕はどの程度まで許されるかを明らかにしなければならない．

モジャコ採捕の影響を見積もるには，まずモジャコの漁獲率を知る必要があろう．もし漁獲率が極めて小さければ，人間の間引きの効果は，自然的な変動の幅のなかに消えてしまうだろう．しかしもし漁獲率が極めて高ければ，直接的に影響が証明できなくても，慎重な対応が要求される．しかし漁獲率は簡単には推定できないし，モジャコの漁獲率がわかっただけでは，問題解決の決め手とはなり得ない．モジャコはどこから来てどこへ行くのか，どのように減耗しながら親ブリまで成長するのか，親ブリ資源の大きさはどのくらいか，などの問題を一つ一つ解明していかなければならない．

調査・研究の内容として3つの柱が立てられた．第1は産卵および発生初期の生態に関する研究，第2はモジャコに関する研究，そして第3は成魚に関する研究である．モジャコおよび成魚に関する研究は，それぞれ，漁獲量・漁獲努力量調査，魚体調査，および標識放流からなっていた．このうちの標識放流調査を，当時東海区水産研究所に属していた私が主として担当することとなった．

標識放流とは，魚に札などの目印になるものを付けて放流し，これが漁業によって再捕された時，その場所や数などから，移動・回遊の状況や漁獲率を推定しようとするものである．ブリの標識放流は古く大正の終わり頃から始められ，戦前だけで1,000尾以上が放流されている．一方，モジャコについては，採捕の対象になる魚体が5 cm前後のごく小さいものであるため，これに標識札を付けることは困難であった．そこで栗田晋博士の発想により，モジャコの

特性を利用して，流れ藻に標識札を付けることになった．

モジャコは海の中の漂流物につく性質が強い．海の中には岩から離れた海藻類が流れ藻として浮遊しており，季節になると多数のモジャコがこれについている．採捕業者は，網で流れ藻全体をすくいあげ，これについているモジャコをつかまえるという方法をとっている．だから，モジャコそのものに標識札を付けなくても，流れ藻に標識札を付けてやれば，普通の場合と同様に移動や漁獲率を推定することができると考えたわけである．

2. 流れ藻の標識放流による漁獲率の推定

魚に標識札を付ける場合，たとえ相手が 80 cm もある大ブリでも，大きな札では泳ぎ回るのに邪魔になるので，小さくて水の抵抗の少ないような型が選ばれる．しかし相手が流れ藻であれば，なるべく目立って見落とすことのないようなものがよい．そして，この札を見付けた人が，そのことを私達に知らせてくれるのに便利なようにする必要がある．そこで，葉書を札として用いることにした．葉書を透明なポリエチレン製の封筒に密封して，ナイロン製の紐で藻に結びつける．葉書には送り先が印刷してあり，また料金受取人払いである．そして，いつ，どこで，なにをしている時にこの札を見付けたか，札が藻についていたかどうか，などの状況が書き込めるようになっている．札には 1 枚 1 枚番号がついていて，いつ，どこで放流されたかは全て記録されている．

標識放流は，1963〜65 年の 3ヶ年間，春のモジャコ漁期に，鹿児島県から三重県に至る太平洋沿岸のモジャコ漁場で行なわれた．県の水産試験場の方々がこの作業を担当した．1963 年は，年度初めの 4 月が漁期の最中ということで，準備が間に合わず，予備的なものに過ぎなかったが，1964 年には 644 枚，1965年には 797 枚が放流され，それぞれ 135 枚および 191 枚の回収を得た．これらのうち海上で回収されたものは，それぞれ 60 枚および 82 枚であった．残りは海岸に打ち上げられた状態で回収されたが，その約半数はすでに藻から

はずれていた．流れ藻はかなり短期間でちぎれたり，ばらばらに分解してしまって，藻に結びつけた標識が脱落してしまうらしい．海上での回収は，大部分がモジャコ漁業による再捕で，1964年に49枚，1965年には76枚に達した．

2.1 標識の移動

流れ藻は海流や風によって流されるが，モジャコも流れ藻について移動すると考えられるので，流れ藻の移動は興味深い．流れ藻標識の回収状況からこの様子を見てみよう．ここでは，標識が流れ藻から脱落した場合でも，流されるという点では同様であるので，含めて考えることにしよう．標識の放流・回収から移動を推察する場合，実際の移動経路が不明のため，特に環流のあるところでは，単に放流点と回収点を結んでも正しい移動はわからない．長期間後に放流点近くで回収されたとしても，その場所から全く移動しなかったということにはならない．そこで，比較的正しく移動方向を表わしていると思われるものとして，放流から1週間以内に回収されたもの，および1日当たりの移動距離（放流点と回収点間を，陸地を避けて測った最短距離）が10海里前後に達したものについてのみ検討した．また岬を回って隣の海域に入ったものにも注目した．1964，1965両年の結果は同様であったので，合わせて図7-2に示す．

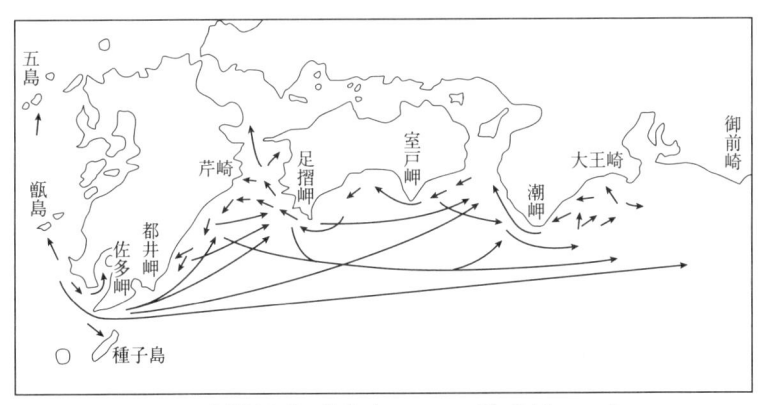

図7-2 標識流れ藻の移動（1964，1965年）（田中，1998）

薩南海域では，流れ藻は明らかに黒潮にのって東シナ海から太平洋方面に移動している．そして，流れ藻は宮崎県から関東に至る沿岸各地に達する可能性があり，中でも四国の足摺岬以西の海域に入るものが多いようである．

　宮崎県南部の都井岬から足摺岬にかけての海域は，豊後水道を含めて，かなり複雑な流れを示している．高知県沖から宮崎県北部，あるいは愛媛県方面へ向う流れ，宮崎県南部沖から高知県足摺岬方面へ向う流れが見られ，この海域に反時計回りの環流のあることが推察される．豊後水道では，北上して瀬戸内海に入る流れが示されている．また愛媛県から大分県の方向へ向う傾向もうかがえる．

　土佐湾および徳島県沖では，沿岸に沿って西へ向う流れがあるが，これはこれらの海域にそれぞれ反時計回りの環流のあることを示していると思われる．潮岬以東の熊野灘方面では，沖合では北東へ向う流れが，また沿岸では南西へ向う流れがあるようで，やはり環流の存在が示唆される．このほかに，足摺岬，室戸岬，潮岬の各岬を回って西隣の海域へ入る流れのあることも示された．

　以上 4 つの環流のほかに，薩南，宮崎県南部沖から紀伊水道，東海地方，さらには関東にまで達した標識もかなりあり，黒潮の流れが示された．

　流れ藻の移動から推察された海流をモデル的に示したのが 図 7-3 である．沖

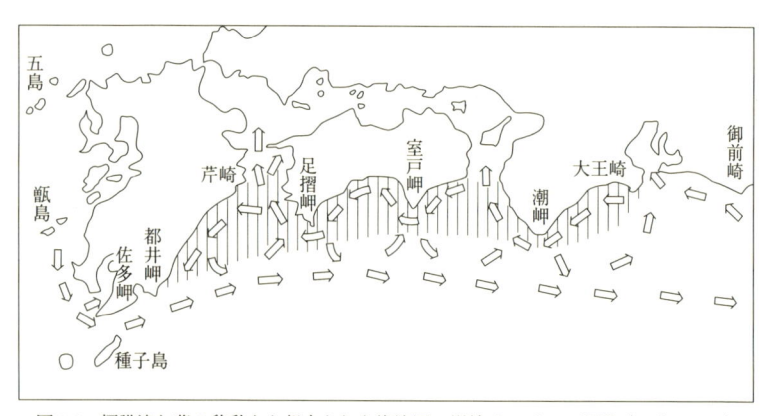

図 7-3　標識流れ藻の移動から想定された海流図．縦線はモジャコ漁場（田中，1998）

合に薩南から四国，紀州沖を通って東へ流れる黒潮があり，その内側の足摺岬，室戸岬および潮岬の各岬によって区切られる4つの海域に，それぞれ反時計回りの環流がある．このような環流のあるところでは，流れ藻が停滞しやすいので，もしその藻にモジャコがついていれば，これらのモジャコも環流域に滞留して，よい漁場が形成されるはずである．ところで，ブリの産卵場は東シナ海の大陸棚縁辺部に沿ってひろがり，さらに九州西部から薩南海域にまで達している．つまりほぼ黒潮の流れに沿って分布している．だから多くのブリの卵や仔稚魚が黒潮によって運ばれ，薩南海域から太平洋に入ると考えられる．そして，上記の流れ藻の移動経路がちょうどこの道筋に一致している．モジャコはこのようにして，流れ藻とともに環流域に運ばれてきて，ここに滞留することになる．図7-3中にはモジャコの漁場位置も示したが，モジャコ漁場が環流域に一致していることがわかる．

2.2 放流から回収までの経過日数と移動距離

環流の有無は，放流から回収までの経過日数と移動距離からも示される．ここで移動距離とは，前同様，陸地を避けて測った最短距離とする．したがって，実際の移動距離は必ずこれより長い．もし環流があると，同一海域内でぐるぐる回るだけなので，経過日数に比べて見かけの移動距離は小さいはずである．一方，一定方向の流れのあるところでは，移動距離は比較的実際の移動距離に近いから，距離は経過日数に比例して増加する傾向を示すはずである．

この関係を海区別に図7-4に示す．なお，海岸で回収されたものは，岸へ打ち上げられてから発見までに長時間を経過していることもあり得るので，沖合でモジャコ漁業により回収されたもののみを考慮した．図から明らかなように，同一海区中でも1日当たりの移動距離は標識によって著しく異なり，1海里から10海里以上にもなる．このように，一般的には日数と距離は相関関係を示さないが，薩南および宮崎県南部沖では比例関係が見られ，しかも1日当たり移動距離が10海里前後と大きい．総移動距離の大きいことも特徴で，最高

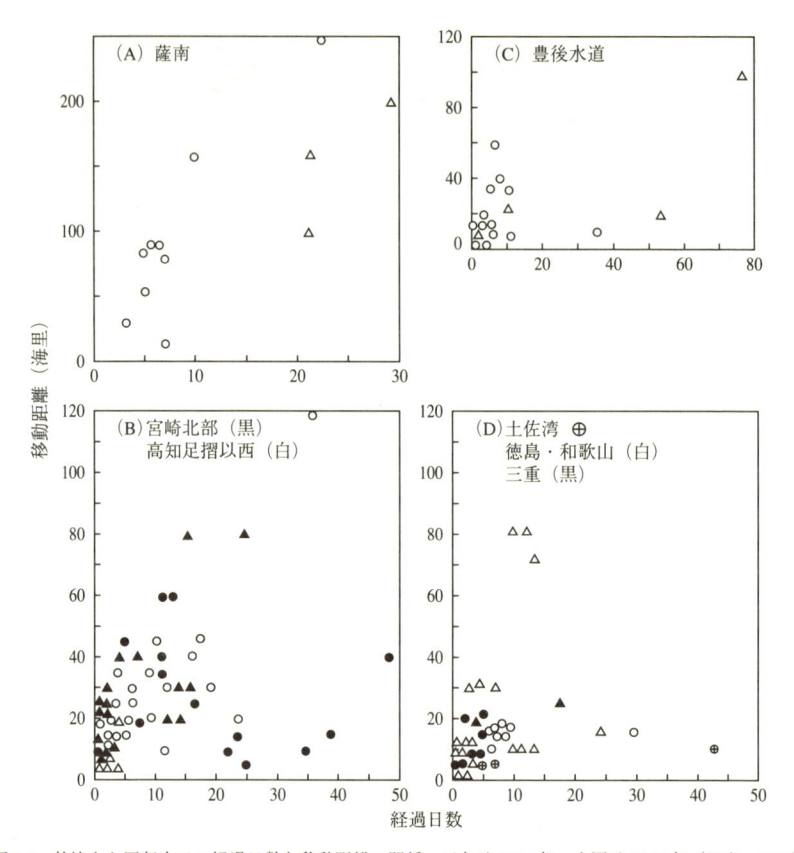

図7-4 放流から回収までの経過日数と移動距離の関係.三角は1964年,小円は1965年(田中,1998)

200海里以上にも達している.この海域に黒潮が流れていて環流がなく,黒潮に乗った流れ藻が急速に北東方に流され,モジャコ漁場に補給されることを示している.

一方,土佐湾以東の海域で流されたものは,一般に移動が少なく,30海里以上移動したものはわずか3枚である.これらの海域には環流があって,流れ藻が停滞していることがわかるが,また漁場が狭く,かつ漁場の東端部にあるため,流れ藻がいったん黒潮に乗ると漁場外に流失してしまい,回収されなく

なるのであろう．特に熊野灘で放流されたものは，1日当たりの移動距離は必ずしも低くないが，日数，距離とも小さいことが特徴である．後で述べるように，この海区での回収率は低い．

宮崎県北部から足摺岬に至る海域は漁場が大きく，かつ環流域であるため，かなり急速に長距離移動した後に回収されたものが多いと同時に，長期間後に放流点付近で回収されたものも少なくない．豊後水道で放流されたものも同様の傾向を示している．モジャコは各環流域に滞留している間に漁獲を受けるが，中でも豊後水道を含めた宮崎県北部から足摺岬にかけての海域で漁獲率の高くなることが予想される．

2.3 モジャコ漁業による標識流れ藻の回収率

薩南から熊野灘までの海域を9つの海区に分け，各海区ごとの，モジャコ漁業による回収率を見てみよう．9つの海区とは，①薩南海区，②宮崎県南部，③宮崎県北部，④豊後水道，⑤足摺岬西，⑥土佐湾，⑦室戸岬東，⑧潮岬西，⑨熊野灘である．結果を図7-5に示す．回収率は漁獲率に対応すると考えられるので，ある回収海区での高い回収率は，その海区での漁獲率の高いことを示している．もし放流海区と回収

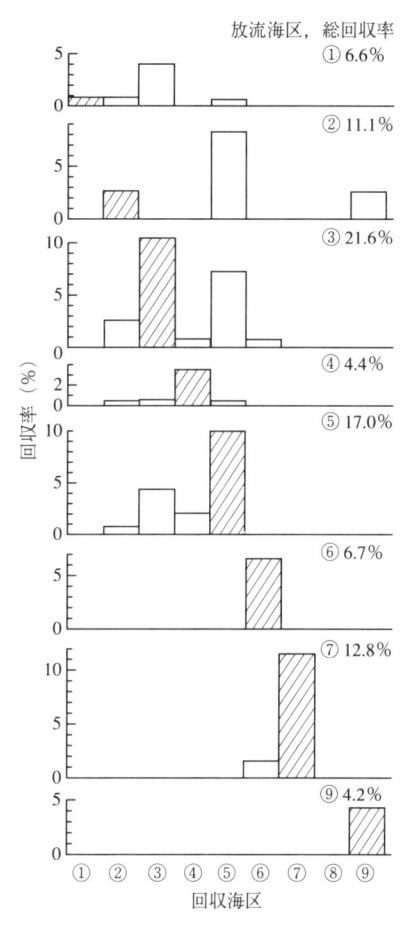

図7-5 モジャコ漁業による標識回収率．
放流海区ごとに回収海区別の率を示す．斜線は放流海区内回収，右上数字は放流海区と総回収率（％）（田中，1967a）

海区の異なっている時は，放流海区から回収海区への移動（補給）の多いことも示唆している．

図で見ると海区③，⑤，⑦で回収率が特に高い．また海区①から海区③へ，海区②および③から海区⑤へ，海区⑤から海区③，④への移動が顕著である．足摺岬以東の海区⑥，⑦および⑨では，放流海区内での回収率は必ずしも低くないが，他の海区へ移動して回収されたものはほとんどない．海区①，②には環流がなく，これらの海区内での回収率は低い．この海区はモジャコの補給路に当たっており，海区内での漁獲率は低いと考えられる．海区⑨の漁獲率も，漁場外へ逸散するものが多く，高くないと考えられる．海区③および⑤で放流されたものからの総回収率はそれぞれ21.6％，17.0％と高い．これは，これらの海区相互間での移動と，両海区での高い漁獲率によるものである．これらの海域に補給されたモジャコは，環流に乗って両漁場間を往復している間に，他の海区に比べて最も高い漁獲率を受けると考えられる．なお海区⑧での回収はなかった．以上の漁獲率に関する推論は，経過日数と移動距離の関係から得られた結果によっても裏付けられている．

2.4 流れ藻の漁獲率の推定

流れ藻標識の回収状況は，海域により異なるが，その一般的傾向は次の通りである．放流直後から付近の漁場でモジャコ漁業による回収が始まる．

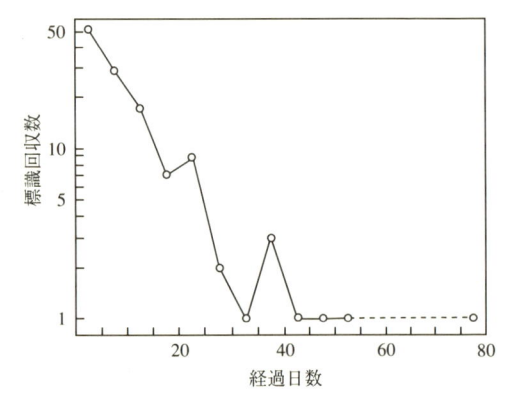

図7-6 標識流れ藻のモジャコ漁業による回収数の経過日数による減少（田中，1967b）

しかしこの回収は日がたつとともに急速に減じ，40日以内でほとんど終る（図7-6）．海岸における回収も放流点の近くで放流直後から始まるが，100日を経

過してもなお回収が続き、また長距離移動も見られる。海岸で回収されたもののうち、まだ藻についているものの割合は、初めは100％に近いが、次第に低下し、1ヶ月以上経過すると50％以下になってしまう（図7-7）。

図7-6，図7-7はともに縦軸を対数尺にして示してあるが、点は右下がりの直線状に並んでいる。モジャコ漁業による回収度数が漁場内に残っている標識流れ藻の数に比例しているものとすると、標識流れ藻の数が毎日一定の割合で減少していることになる。同様に、流れ藻標識も、毎日一定の割合で藻から脱落していると考えてよい。

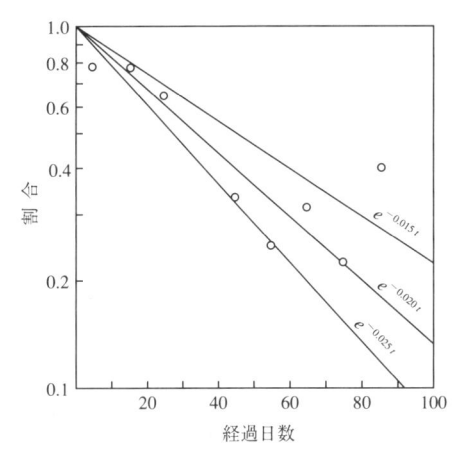

図7-7 海岸回収のうち藻についていたものの割合の経過日数による減少（田中，1968）

漁場内に残っている標識流れ藻の数 N_T は、モジャコ漁業による回収、標識の脱落、および漁場外への流失によって減少する。これらの減少係数をそれぞれ F, M, D で表わすと、全体の減少係数は $(F+M+D)$ となる。そして、毎日一定の割合で減少しているのであるから、この和の値は一定ということになる。脱落係数 M は図7-7から一定と考えられる。したがって $(F+D)$ も一定でなければならないが、このことから F, D をそれぞれ一定と見てさしつかえないであろう。放流数を N_{T0}、経過日数を t と書くと、

$$N_T = N_{T0} \exp\{-(F+M+D)t\}$$

と表わすことができる。また日々の標識回収数を c とすると、

$$c = N_{T0} F \exp\{-(F+M+D)t\}$$

である．なおここで，漁獲した標識の発見率，報告率は 100％であるとする．$(F+M+D)$ の値，すなわち図 7-6 の右下がりの傾斜の値は，統計学の理論から平均経過日数 t_{cm} の逆数として求められる．また総回収数 C は c を $t=0$ から∞まで積分したものであるが，これは放流総数の $F/(F+M+D)$ に当たるので，この関係から F は次の式で計算できる．

$$F = C/(N_{T0}\ t_{cm})$$

高知県足摺岬の西で，1965 年 5 月 7 日から 18 日の間に 81 枚の標識が放流され，その内 11 枚が放流海域において，モジャコ漁業によって回収された．$t_{cm} = 5.91$ 日であるから

$$F+M+D = 1/5.91 = 0.169\ /日$$

すなわち，標識流れ藻が毎日約 17％ずつ減少していたことになる．漁獲係数は $F = 11/(81×5.91) = 0.023$，すなわち 1 日当たり 2.3％である．脱落係数 M は，図 7-7 からほぼ 0.020（1 日当たり 2％）とみられる．全体の減少係数から F と M の値を引くと，$D = 0.126$ となる．標識流れ藻の漁場からの流失は毎日 13％にも達しているわけである．

流失係数が 1 日当たり 12.6％の時，流れ藻は平均 $1/0.126 = 7.94$ 日漁場内に滞留している．したがって，この間毎日 2.3％の漁獲を受けると，その 7.94 倍は 18％にもなる．もし全てのモジャコが漁場内の流れ藻についているものとすると，足摺岬西側の高知県沖漁場にいるモジャコの漁獲率は 15％以上の値となる．

この漁場で放流された流れ藻は，豊後水道や宮崎県側に流されてからもモジャコ漁業によって漁獲されている．そのことは 9 枚の標識回収によって示されている．放流漁場内回収と合わせて 20 枚の全回収について，同様にして，全漁場内滞留中の漁獲率を計算すると実に 30％にもなった．だから，すべてのモジャコが漁場内の流れ藻についているものとすると，漁獲率はけっして低い

ものではないことになる．流れ藻についていないモジャコの量に関する情報は少ない．しかしモジャコが藻から藻に移動したり，藻から離れて泳ぐことのあることが知られているし，漁場外にも広く分布していると考えられるので，実際のモジャコ漁獲率はこれよりかなり低い値であろう．

このようにして計算した流れ藻の漁獲率を漁場間で比較してみると，宮崎県北部から足摺岬にかけての海域で特に高く 30～40% であるが，徳島県沖で約 18%，熊野灘で 14% と低くなっている．前述の結果が定量的に裏付けられたわけである．

3. 標識放流から見たブリの回遊と資源動態

モジャコの調査に関連してブリの標識放流が行なわれたのは，ブリの漁獲率を推定してブリ資源を見積もり，一方でモジャコから成魚までの減耗率を求めて，これとブリ成魚資源量からモジャコ資源量を逆算し，よってモジャコ採捕の影響を見積もることにその主目的があった．もちろん，標識放流によって，ブリの回遊についても重要な情報が得られ，この情報がまたブリの資源量や動態を推定するのに必要な基礎資料となる．ここでは，ほぼ体長 60 cm 以上のブリ成魚について，その回遊を明らかにし，これに基づいて回遊を含む動態モデルを作り，これに標識ブリの放流・再捕のデータを適用して，漁獲率や移動率などを推定した話を紹介しよう．ブリについては戦前においても多くの放流が行なわれ，多数が再捕されており，その詳細な記録が残されている．これらの資料も用いて，戦前と戦後の比較もしてみる．

標識札としては，迷子札型と矢型の 2 種類が用意されたが，60 cm 以上の大型魚には迷子札が用いられた．札は径 18 mm のセルロイド板で，これを第 2 背びれの前端部にアミラン糸で結びつけるようになっている．札には一連番号が付けられていて，放流魚 1 尾 1 尾を識別できる．放流は岩手県から宮崎県までの太平洋沿岸各地で行なわれ，放流作業は各県の水産試験場によって進めら

れた．ブリ成魚の主漁期は3～5月であるが，会計年度の切り替え時に当たるため，初年度の1963年にはこの期間に放流することができなかった．しかし1964，1965年には相当数が放流され，再捕数もかなりの数に達した．3年を通して，671尾が放流され，これから170尾の再捕があった．再捕率は25.3％とかなりの率になった．

3.1 1963～65年の結果で見た回遊

　標識放流結果から魚の移動を表現する場合，しばしば海図上に放流点と再捕点をプロットし，この間を直線あるいは曲線で結ぶ．この方法では，空間的な移動は示せても，時間の経過を表わせない．しかしもし空間が1次元で近似できるような場合には，空間と時間を組み合わせた2次元表示が可能となる．ブリが北海道から九州までの太平洋岸に沿って回遊する場合，この魚種の特性からあまり沖に出ないとすると，1つの曲線上の動きで近似することが許されよう．つまりブリの回遊する空間を1次元で表現できるということになる．このようにして表わした空間を横軸にとり，時間を縦軸にとると，いつどこで放流したブリが，いつどこで再捕されたかを，1枚の図で示すことができる．

　1963年春から1965年夏までの，北海道恵山岬から鹿児島県野間岬に至る太平洋全沿岸での時・空間的なブリの動きを図7-8に示す．一見してブリは冬から春に南下し，夏から秋に北上することがわかる．回遊の状況が千葉県の北と西で異なっているので，房総半島の先端にある野島崎を境にして，東北地方と東海地方以西に分けると，東北地方ではほぼ4月から9月が北上期，10月から3月が南下期に当たっている．期の境界を図中に横線で示した．一方，東海地方から九州にかけての海域では，1月から5月にかけて魚群の南下が目立っている．この期間を南下期として，やはり図中に横線で示した．

　最も顕著な動きは，春季相模湾から土佐湾にかけての南下である．夏季の相模湾から千葉県以北への北上もかなり顕著である．一方，東北地方での南下，相模湾以西での北上は，それぞれわずかの再捕によって示されているだけである．

Ⅶ. ブリとモジャコ

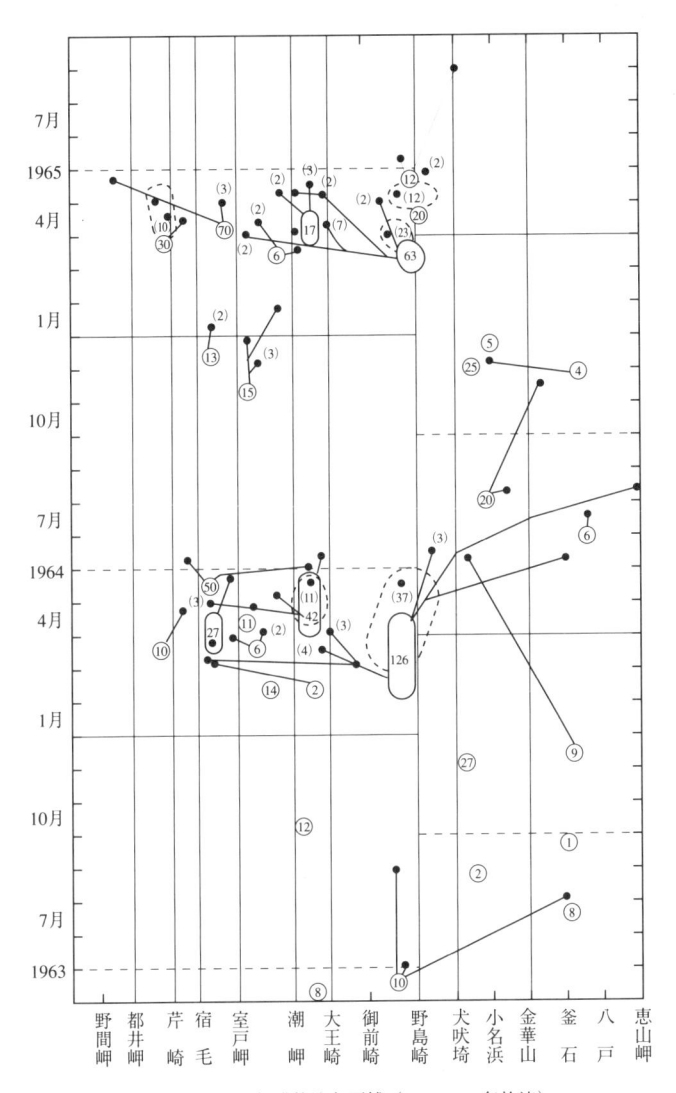

図 7-8 ブリの標識放流と再捕（1963〜65 年放流）．
円および数字：放流点および放流尾数，黒点：再捕点，（ ）内の数字は再捕尾数．
再捕多数の場合は再捕域を破線で示す（田中，1998）．

また相模湾以西での秋の標識魚はほとんど移動傾向を示していない．図には示してないが，夏から秋に東北地方で放流された 60 cm 未満の小型未成魚はかなり顕著な南下傾向を示している．しかしその再捕は千葉県以北に限られていて，相模湾以西には姿を見せていない．

大量の再捕の得られた相模湾以西での春季の移動の様子を 1964 年と 1965 年に分けてくわしく見ると，次のようなことがわかる．まず両年の間で傾向は全く同様である．大きな移動としては，相模湾から熊野灘，熊野灘から土佐湾方面への南下と，相模湾から東北，北海道方面への北上とがある．また相模湾付近で，長いものでは 3 ヶ月を越えて長期滞留するものもある．相模湾からの南下と北上は，放流時期によってはっきりと区別されている．1964 年には 3 月 1 日以前の放流から，また 1965 年には 3 月 30 日以前の放流からのみ，熊野灘以西での再捕が得られている．一方，長期滞留ないし北上したものは，両年とも 2 月から 4 月ないし 5 月にわたる全放流期間から得られた．熊野灘からの南下は，ほぼ 2 月から 4 月の全期間から得られ，時期的差は明らかでない．この水域でも，比較的長期滞留をする個体が見られる．熊野灘から相模湾方面へ北上したものは 1 例もない．ただし，南下末期の 5 月の放流は 1964 年の 8 尾のみである．

標識放流の結果から，ブリは 4 月から 9 月に東北地方，北海道方面に北上し，10 月から 3 月に千葉県方面に南下してくることが示されたが，この南北移動は，標識放流と同時に調べられた千葉県以北の各県のブリ漁獲量の季節変化によってよく裏付けられている．ブリ漁獲のピークは，千葉県では春から初夏と初冬の 2 回，茨城県では初夏と晩秋の 2 回，福島県では夏と秋の 2 回，そして岩手県では夏から秋にかけてなだらかな山が 1 つみられる．春から夏にかけて魚群は千葉県から茨城県，福島県を経て岩手県沿岸に達し，秋までこの水域に滞留したのち，初冬にかけて，逆の経路をたどって千葉県沿岸まで南下してくる様子がうかがえる．

3.2 相模湾への来遊と水温

相模湾内には，ブリを漁獲する定置網が大磯から伊豆半島の先にかけて15ヶ統ほどある．これらの定置網への春季のブリの出現状況を見ると，各網ごとに独立ではなく，湾内のかなり広範な区域にほとんど同時に来遊し，数日で1つの山をつくり，これがおよそ20日前後の間隔で波状に繰り返されている．相模湾で放流され湾内で再捕されたものを見ると，放流直後に再捕される場合もあるが，1ヶ月ないし2ヶ月以上たって再捕されるものも多い．このことは，波状に来遊した魚群が一旦湾外へ出たのち，1～2ヶ月たって再び湾内一帯にもどって来たものと考えられる．湾外のどこへ行ったかはわからないが，熊野灘で放流され相模湾で再捕されたものが全くないことからいって，熊野灘方面まで南下したのではなさそうである．

相模湾から南下したものの最終放流時期が，1965年は1964年に比べて約1ヶ月遅くなっているが，北上のパターンもちょうど1ヶ月くらいずれている．このことは，魚群の回遊の時期が年によりかなり変化し得ることを示している．

この年変化は，水温の年変化によって影響されている．図7-9は相模湾における水温とブリの漁獲量を示したものである．ブリの漁獲は水温13℃ないし16℃の範囲で見られるという．1963年は平年に比べて異常に低温で，特に3，4月は13℃以下に下がり，漁獲も2月下旬を山にして急激に下がってしまった．1964年の水温は，1，2月は平年に近く15℃前後，3月は低めで13～14℃であったが，4月に入って急に上昇し，5月には平年より高く，上旬で17℃，中旬以降は18℃以上にも達した．したがって，4月後半から魚群が湾外へ出始めたと考えられる．1965年には水温が1月は比較的高く，16℃程度であったが，2月から3月にかけて低めに移り，4月の前半まで13～14℃の水温が続いた．5月も低めで，中旬に17℃，下旬に18℃の線に達した．この年には，高めの水温が初漁期を遅らせたが，以後は適温であったために，魚群が長く湾内にとどまり，繰り返し漁場に来遊したものと思われる．

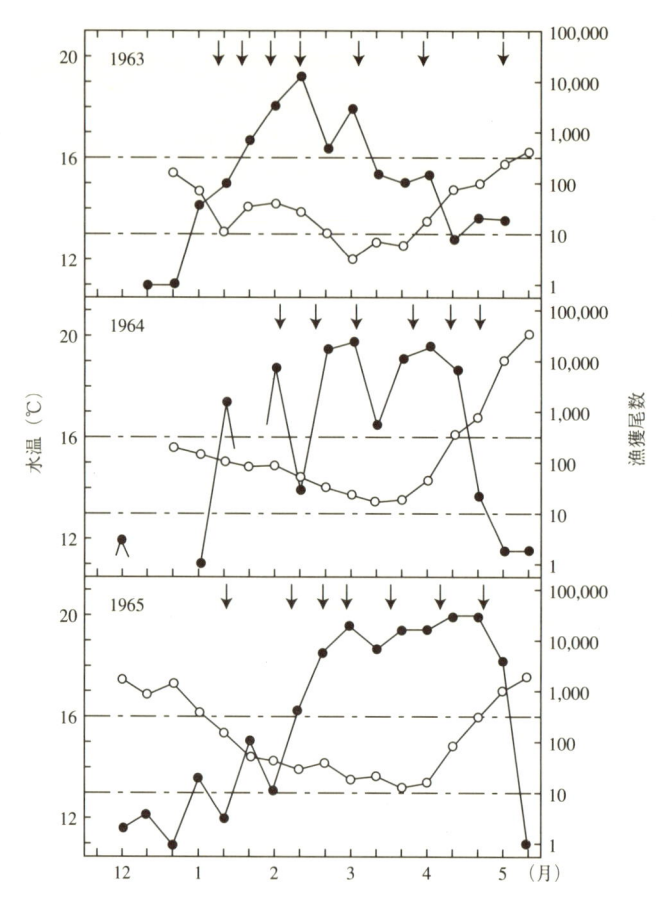

図7-9 神奈川県定置網ブリ旬別漁獲尾数（黒円）と真鶴定置水深25m層の水温（白円）．矢印は湾内へのブリの来遊波（田中, 1975）

3.3 戦前の結果と戦後との比較

ブリの標識放流は，日本の放流の歴史の中でも最も古いものの一つである．1926年以来の放流・再捕の記録が刊行されている．その記録によると，大型ブリは1926年から1938年までの13年間に，1927年および1934年を除いて

毎年放流が行なわれ，その総数は1,024尾に達した．これらの放流から合わせて317尾の再捕が得られた．放流は相模湾および熊野灘で多く，前者で217尾，後者で402尾に達し，合計すると全体の6割を占めた．このほかには宮崎県および徳島県でまとまった放流がある．

戦前の標識放流で，戦後のそれと最も大きく異なっている点は，放流翌年以降の再捕が多いことである．1963年から1965年の放流結果では，放流から再捕までの最長記録は約6ヶ月であった．このほかの放流の結果を見ても，放流の翌年に再捕された例は戦後にはない．しかし戦前の記録では，全再捕317尾中約1/3が放流の翌年以降に再捕され，最長記録は実に5年目に再捕されている．この差の一つの原因は，漁獲率が高くなってブリの生残率が下がったことにあると思われるが，一番の原因は標識の材質によると思われる．戦前には標識を魚体に取り付けるのに銀線を用いた．ところが戦後はナイロンなどの優良な各種の合成材料が安く手に入るようになったので，ほとんどこれらの合成材料が用いられた．これらの材料は長期的には，次第に材質がもろくなったり，また魚体になじまなかったりして，半年以上もたつとほとんど脱落してしまうのではないかと疑われる．

放流・再捕の結果を，図7-8と同様にして図示したものが図7-10である．この図では放流の年次は無視して，時間は放流年を第1年，その翌年を第2年というようにして，全放流をプールして示した．また4年目以降の再捕は，数も少ないので，3年目の再捕に合わせて図示した．結果は，2年目以降の再捕も含めて，図7-8に示した結果と類似している．すなわち，春相模湾から鹿児島県南部にかけての南下の動きが目立っている．この動きは，翌年以降の春季の再捕によっても明瞭に示されている．南下速度は早く，約1ヶ月で相模湾から土佐湾に達している．夏には相模湾，熊野灘での放流魚が，千葉県から岩手県にかけての地方でかなり再捕され，北上回遊が示された．

戦後の放流でほとんど見られなかった，相模湾以西での夏の東進の例がかなりあった．放流年内の再捕の場合，東進の例は1例のみで，戦後同様極めて少

ないが，翌年以降の春季の再捕で見ると，都井岬方面から室戸岬方面へ，あるいは土佐湾，室戸岬方面から熊野灘へ移動して再捕されたものがかなりあり，これら九州・四国方面のブリが，少なくとも熊野灘までは現れることが示された．東進の時期や経路はわからないが，おそらく夏から秋に移動したのであろう．

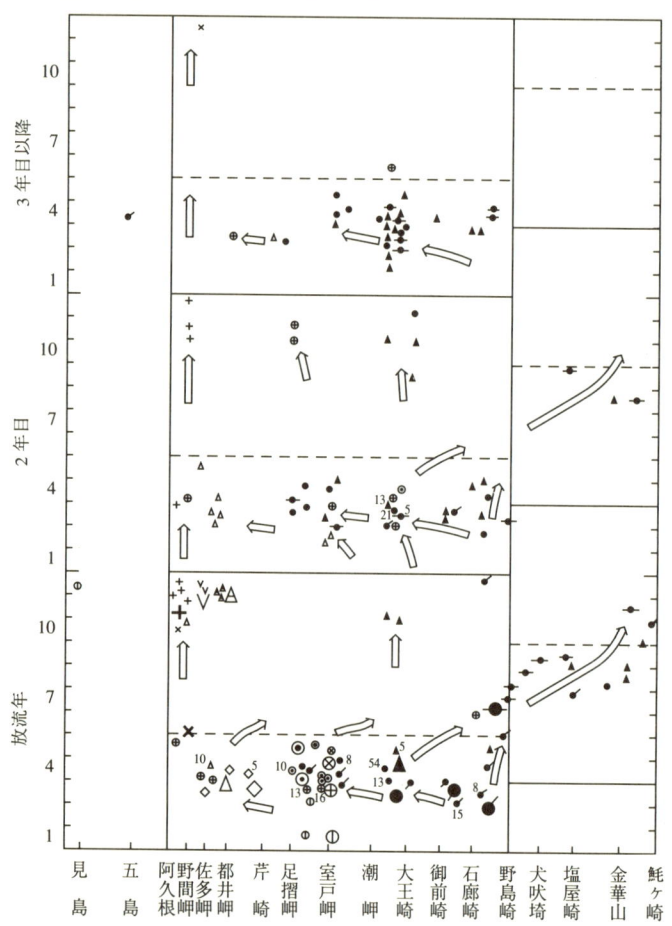

図 7-10 ブリの標識放流と再捕（1926～38 年放流）．放流点を大印，再捕点を小印で示す．数字は一つの小印で示される再捕の総尾数（1 は省略）（田中，1973）

移動の範囲を見ると，1例を除いて，熊野灘以東の放流で土佐湾より西まで移動したものがないこと，土佐湾から南下したものがなく，この海域での放流魚はむしろ東進していることが注目される．熊野灘以東で放流されたものは，多数千葉県以北に現れているのに対して，これより西の海域の放流では，室戸岬の東側で放流され，その年の夏相模湾で再捕された1例を西の限界として，土佐湾以西の放流魚は相模湾以北には姿を見せない．

1963年から1965年の放流では，熊野灘から北上したものが皆無であったが，戦前の場合では，とくに4月中旬以降の放流からかなりの数の北上移動が見られた．このことと関連して，熊野灘では戦後南下して再捕される率が戦前のほぼ2倍もあったこと，相模湾では逆に南下して再捕される率が2/3に減少する一方，北上する率は2倍以上となり，また湾内での再捕率が著しく高くなったことが注目される．このことから考えると，戦前は多くのブリが熊野灘まで下がってから移動方向を北へ転じたのに対して，戦後には相模湾で方向転換をするようになったとみられる．魚群の回遊のパターンがこのように変り得るということは，大変興味深いことである．

3.4 ブリの回遊モデルと資源動態

以上述べてきたことによって，ブリの回遊について，戦前，戦後を通じて，その様子が定性的に明らかになった．そこで，今度は定量的に表現することを考えてみよう．しかしブリの回遊は，1本の線の上で一団となって南下・北上を繰り返すというような単純なパターンではなく，また放流ブリは北海道から九州までの各地で相当期間にわたって再捕されており，定量的に表現することはそれほど簡単ではない．そこで，ブリの回遊を1つの流れ図として表わし，その助けをかりていろいろな量や率を求めることを試みてみる．

ブリの回遊システムの中に組み込むべき大きな流れとして，次の3つを取り上げる．1) 春季，相模湾から九州方面にかけて南下する．2) 熊野灘以北のブリは夏に相模湾以北に北上する．3) 相模湾，熊野灘での漁期後半（大体4月

以降）の放流魚は南下しない．次に漁獲率などに関し，次の3つの仮定を置く．1) 放流海区内での再捕率は，同海区に来遊した群に対する漁獲率を表わしてる．選択的漁獲はない．2) 漁獲率や逸散率などは，戦前，戦後のそれぞれの期間内において安定している．3) 相模湾および熊野灘については，漁期を前半と後半に分けて考えるが，他の海域においては漁獲率などは漁期を通じて変化しない．

ブリ漁場は，相模湾，熊野灘というように，かなり明瞭に区分される．海区としては次の6区を定める．海区1：相模湾（駿河湾を含む），海区2：熊野灘，海区3：室戸岬東側，海区4：土佐湾，足摺岬周辺，海区5：豊後水道から九州方面，海区9：6月以降の相模湾，および以北の東北方面．なお漁場から逸散した群には海区0を与える．

このようにして，標識ブリの回遊システムを，戦前については図7-11，戦後については図7-12のように組立てた．標識ブリは左から右へ流れ，箱の中の数字が尾数を表わす．箱の外の数字は漁獲率などの率である．太線の箱は既知の数を表わし，右側から線の出て行く箱は放流数，左から線の入って来る箱は再捕数を示す．細線の箱内の数，および全ての率は推定値である．菱形は分岐，三角形は合流を意味する．図7-11では熊野灘の放流が，図7-12では相模湾の放流が，前期と後期に分けられている．

ここで，戦前の相模湾，熊野灘（図7-11）を例にして数値の計算法を示そう．熊野灘では259尾が放流され54尾が再捕された．したがって漁獲率は $54/259 = 0.2085$ である．相模湾放流魚が熊野灘で13尾再捕された．漁獲率0.2085で割って，総来遊数が62.35尾と推定される．相模湾放流魚114尾中24尾が同海区で再捕され，62.35尾が熊野灘に行ったが，残りの27.65尾は逸散して東北地方に向かった．この率は放流数114の0.3072に当たる．このような計算を続けていって，システムモデルの中の全ての数値を決定することができる．これらの推定値は大きな誤差を含んでいるので，細かい議論をすることはできない．一般的傾向をまとめると以下のようになる．

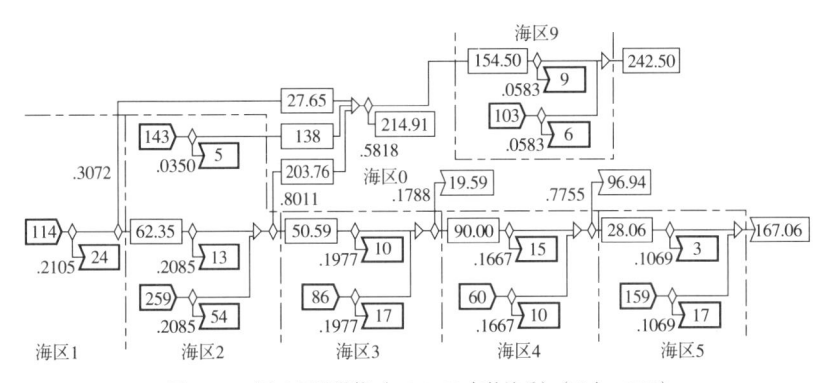

図 7-11 ブリの回遊動態（1926～38 年放流分）（田中，1998）

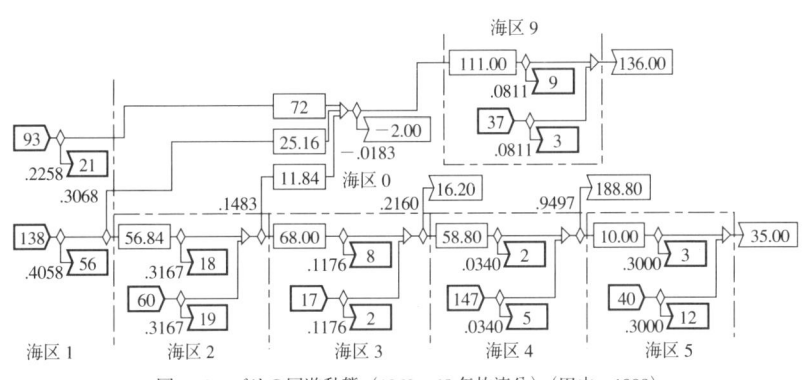

図 7-12 ブリの回遊動態（1963～65 年放流分）（田中，1998）

　漁獲率は，戦前には 2 割前後であった．ただし東北，九州方面では低く，1 割ないしそれ以下であった．戦後相模湾，熊野灘で漁獲率がかなり高くなり，30％以上となった．東北地方の漁獲率は戦前同様低かった．

　相模湾での漁期前半の放流魚のうちで南下したものの割合は，戦前，戦後とも 70％前後で高かった．一方，熊野灘では戦前の 20％から戦後の 80％へと大幅に増加し，この水域で南下傾向の強まったことを裏付けている．室戸岬の東から岬をまわって土佐湾へ入った率は戦前，戦後とも約 80％で高く，これらの水域間の関連の深さが示された．しかし土佐湾から九州へ向ったものはごく

少なく，大部分が逸散した．九州方面のブリと土佐湾以東のブリが別の群に属していることを示唆している．相模湾，熊野灘から一旦姿を消したブリの約半数ないしそれ以上は，夏季相模湾以北の北部水域に来遊した．

　以上のことから，戦前には潮岬と足摺岬の2ヶ所に分布の境界があり，大部分の標識魚がこれらの点で逸散したが，戦後は潮岬の境界が消滅し，相模湾から土佐湾までの群がつながったことがわかる．また戦前は熊野灘から反転して北に向った魚が多かったが，戦後はこの方向転換の場所が相模湾に移ったようである．

Ⅷ. 鯨資源の管理方式
—— 資源管理はむずかしくない ——

1. 不確かな情報のもとでの行動の仕方

　ほとんど全ての水産資源は何らかの管理のもとに置かれているが，全世界的に多くの魚種で資源の乱獲が続いている．資源には所有者がなく，誰にでも開放されていることが乱獲の原因であるとされている．その資源の利用によってもうけが得られる限り，新しい漁業者が参入してきて，漁獲努力が過剰になってしまう．資源の維持に対してだれも責任を取ろうとしない．それならば資源を特定の個人が独占してしまったらよいのかというと，この場合においても，再生産を考慮しない鉱物資源的利用が進み，乱獲が生じるという．割引き率を考慮した経済的最適化論によると，将来にわたって末長く利益を得るより，短期的に資源を食いつぶして，多額の利益を今，手に入れる方がよいとされる．例えばある資源の年増加率が5％の時，別に毎年10％の利益の得られる投資先があったとすると，漁獲をひかえて海のなかに置いておくよりは，漁獲してしまって現金に替え，それをよりもうけの多い事業に投資する方がずっと得だということになる．資源の年増加率がかなり高くないと，資源を保護する経済的理由はない．
　乱獲の原因はともかくとして，資源の管理体制そのものにも問題がある．最大持続生産量（MSY）や，収入から経費を差し引いたもうけが最大になる最大純経済生産量（MEY）の概念が理論的に認められ，資源管理の目的はこれらを

実現することとされていながら，我々は具体的資源について，これを実現するための技術をもっていない．いろいろな利害関係のもとで資源が管理されている場合，科学的根拠にあいまいさが残っていると，しばしば利害関係者の当面の利益が優先されて，自然科学的法則は無視され，政治的決定が下される．

　資源管理の技術は，実行可能で，かつ効果のあることが必要だ．管理に利用すべき自然科学的あるいはその他の情報は必ず入手できるものでなければならない．これらの情報にもとづいて何らかの管理措置を実行しようとする時，これが業界に受け入れられなければならない．さらに，入手できる情報から管理措置を導く過程を明確にして，主観的判断が入りこまないようにしなければならない．このようにいろいろ厳しい条件をつけられると，資源学の現在の実力からいって，これらの条件を全て満たすことは不可能に近いようにもみえるが，これに一歩近付くための一つの考え方をお話しよう．

　人間は完全な情報が得られていない限り行動を起こさないというものではない．窓のない部屋の中にいた時，突然停電して真暗になってしまったらどうするか．そのままじっとしていて，電気の回復するのを待つのも1つの選択肢だが，短時間のうちに回復する見込みのない時は，その部屋のなかのいろいろな物の配置やドアの方向に関する記憶を頼りに，ドアを開けて外へ出ようと思うだろう．方向の推定は誤っているかもしれないし，部屋の中の配置の記憶にあいまいな点があれば，真っすぐ歩いていっても正しくドアにたどりつけるとは限らない．あるいは机の角にぶつかってしまうかも知れない．だから，走りだすような人はいない．手探りで，記憶にある机や戸棚を確認し，慎重にドアの方向へ一歩足を運ぶ．次の目標を探り当て，さらに一歩進める．このようなことを繰り返していると，やがてドアのノブをつかむことができる．部屋の中の物の配置とドアの位置に関する記憶が正しくかつ詳細であれば，ドアに到達する時間は短いが，記憶があいまいであれば，長時間を要するだろうし，なにかに頭をぶつける可能性もある．しかし，とにかく目的を達成できることは間違いない．

Ⅷ. 鯨資源の管理方式

　まずドアの所へ行くという目標が設定される．つぎにドアの方向に関する得られる限りの情報を集め，その方向へ近付く安全な手を判断して一歩を進める．移動したところでまた情報を集めて次の一歩を進める．これがフィードバック方式である．資源管理もこれと同じだ（田中，1960）．漁業が行なわれている限り，その資源について情報が全くないということはあり得ないから，フィードバック方式によるならば，今すぐにでも目標に向かって管理が始められるはずである．MSY やこれを実現する資源量水準に関する情報は，さし当ってなくてもよい．これらの情報は，管理を実行して資源に働きかけ，これに対する資源の反応をみながら学習していけばよい．

　先に述べた東シナ海・黄海の底魚（Ⅲ.）やマイワシ（Ⅴ.）の場合，幸い，かなりの情報が蓄積されていたので，漁獲量の等量線図を描いて，資源を改善するための漁業の規制の方法を論じることができた．しかしこの結論は，いろいろな情報や仮定に基づいて導かれたものであって，けっして真理を主張しているものではなく，むしろ1つの仮説の提示と考えるべきであろう．仮説は検証されなければならないし，その結果否定されてしまうかもしれない．しかしそれによって我々は何かを学び，フィードバック管理を一歩進めることになる．

2. フィードバック管理の一つの例

　漁獲限度量を定めて資源を管理する場合を考えてみよう．入手すべき情報として資源量のレベルを取り上げる．これは資源量の絶対値であっても，また相対値であってもよい．相対値であれば，曳網回数などの漁獲努力当たり漁獲量（CPUE）として，多くの漁業についてデータが得られている．漁獲限度量による規制は世界的に多くの漁業に適用されており，国連海洋法に基づく総許容漁獲量（TAC）による規制もこれに相当する．

　問題は毎年の漁獲限度量をどうやって決めるかにある．現在漁業が行なわれているのだから，最近の漁獲量水準が一つの基準となる．管理の当面の目標が

減少した資源を回復させたいということであれば，現在の漁獲量を減らすことを考えるべきである．また近年 CPUE が依然として減少傾向にあるとすると，現在の漁獲量は明らかに高すぎると言える．逆に CPUE に増加の兆候がみられるなら，漁獲量が多すぎるとは言えないが，もし資源をもっと速やかに回復させたいなら，漁獲量を減らした方がよいだろう．

このような考えから，来年の限度量 Y_{t+1} を，近年の資源レベル P_t，P の目標値 P_U，および今年の漁獲限度量 Y_t から計算する次のような式が思い浮かぶ．

$$Y_{t+1} = Y_t + a(P_t - P_U) + b(P_t - P_{t-1})$$

ここで a や b は資源の水準や変化量につける重みで，これらの値が大きくなるほど，わずかの差で限度量を大きく変化させることになる．

この式には 1 つ不便なことがある．例えば P_t が去年に比べて 50 万トンから 40 万トンに減少した場合でも，20 万トンが 10 万トンに減少した場合でも，同じ 10 万トンの減少だから，限度量を同じだけ下げるというのは不合理である．後者の場合，資源は半分に減ってしまっている．また目標値より 10 万トン低いといっても，目標値が 100 万トンの場合と 20 万トンの場合では，随分意味が違う．限度量についても 10 万トンを 9 万トンに減らすのと，2 万トンを 1 万トンに減らすでは，漁業に与える影響は全く異なる．このような困難は，上の式の各項を全て比の形になおすと解消できる．すなわち

$$(Y_{t+1} - Y_t) / Y_t = h((P_t - P_U) / P_U + g(P_t - P_{t-1}) / P_{t-1}$$

とする．h, g はそれぞれ a, b に対応する係数である．今 $h = g = 0.5$ と置くと，資源水準は目標値より 25％低いが，資源は去年に比べると 10％増加した時には，

$$0.5 \times (-25\%) + 0.5 \times (10\%) = -7.5\%$$

つまり漁獲限度量を 7.5％削減することになる．急激な Y_t の変化には漁業は馴

VIII. 鯨資源の管理方式

染みにくいが，これを避けるため変化率に上限，下限を付けてもよい．

この方式の大きな特徴は，必要情報は資源量指数だけという単純なものであるが，フィードバックを含む自動制御の考え方の導入によって，資源の管理が実行できる点にある．ここで P_U の値は適当に与えることも許される．MSY の

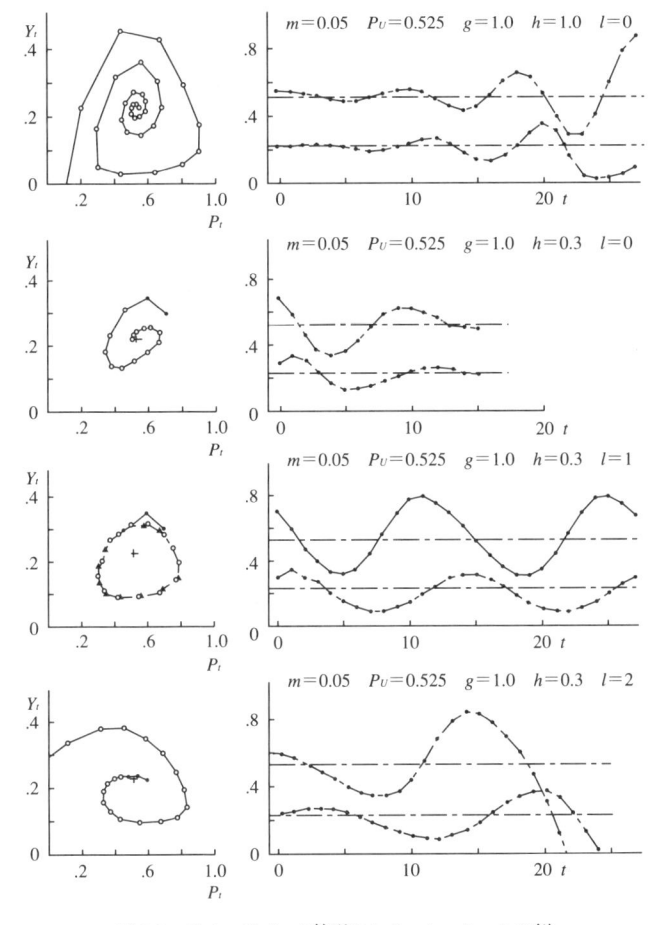

図 8-1 フィードバック管理のシミュレーションの例．
左図＋：平衡点，右図上の曲線：P_t，下の曲線：Y_t，鎖線：平衡水準（田中，1998）

資源水準であることは必ずしも必要でない．過去のある時期の値を当面の目標としてもよい．

　この方式が実際にうまく働くかどうかを，シミュレーションによって調べてみよう．ここでは簡単のための，資源量水準の観測値には誤差がないとする．このシミュレーションでは，資源が未利用時の m（5%）以下に下がってしまったら回復不可能になるとし，また利用できるデータには l 年の時間遅れがあるとする．今年のデータはまだ整理中で，去年までのデータしか利用できない時は $l = 1$ となる．結果を図8-1に示す．

　この図から，この方式がうまく機能するためには，h や g の値の決め方が重要なことがわかる．$h = 0.3$，$g = 1.0$ の時は，すみやかに目標に到達してその場で安定するが，$h = 1.0$ とすると，だんだん遠ざかって，やがてこの系は破壊されてしまう．実際には資源量指数 P_t が観測誤差を含んでいるので，それだけ管理方式の精度は低下する．$l = 0$ の時は目標点で安定する場合でも，$l = 2$ になると資源が絶滅してしまう．時間遅れは系の安定性を低下させ，目標到達をより困難にする．

　この研究をカナダのバンクーバーで開かれたシンポジウムで紹介した時，ナナイモの水産研究所のW.E.リッカー博士が，資源管理に当っては誰でも昔から同じことを考えていたのではないかとコメントされた．カナダのサケ・マス漁業では，適正親魚量を遡上させるために，漁獲限度量が厳しく適用されているが，その運用の実際に当っては，まさにこれと同じ基本的考え方が背景にあるといえるだろう．

3. 鯨資源の管理をめぐるいろいろな問題

　鯨のように寿命が長く繁殖率の低い資源は，経済的最適方策の結果として，再生産を無視した鉱物資源的利用が進む．捕鯨業の歴史をながめてみると，捕鯨はまず沿岸に始まり，資源の枯渇につれて漁場が次第に沖合からさらに遠洋

Ⅷ. 鯨資源の管理方式

にまで拡がっていく．そして，行動がおそく，死んでも沈没しないセミクジラに始まり，遠洋域のマッコウクジラなども利用された．泳ぎの速いナガスクジラの利用が始まったのは，捕鯨砲を機船に搭載し，ロープの付いた銛を鯨体に打ち込むノルウェー式の近代捕鯨が開発されてからである．さらに，より遠くの漁場を利用するために母船式捕鯨が始まった．南氷洋の母船式捕鯨はこのようにして行き着いた捕鯨業の極点である．

南氷洋の巨大な鯨資源も強い捕獲圧のもとで，すでに第2次世界大戦前，シロナガスクジラ資源の減少が認められていた．戦後，関係各国は資源を管理し，また油の生産過剰をおさえることを目的として，国際捕鯨委員会（IWC）を設立し，捕獲枠による資源管理を始めた．ただしこの枠は，操業の自由度を確保するために，油生産量によりシロナガスクジラ単位に換算された総枠1本として定められた．ここでは，たとえばナガスクジラは2頭，ザトウクジラは2.5頭で1単位とされている．この方式による管理では，経済的に有利な鯨種からねらい撃ちにされるので，個別的資源の枯渇が生じ，明らかに不十分である．

捕鯨枠は戦前の平均の2/3に当る16,000単位とされたが，最も大型のシロナガスクジラ資源がすでに枯渇している状況のもとで，捕獲圧は次いで大型のナガスクジラに集中した．その結果，1960年頃までには資源の枯渇が明らかになったが，IWCの中での捕獲枠削減が国家間の利害の対立から思うように進まず，ナガスクジラの乱獲は一層深刻になった．1960年代の半ばにようやく捕鯨枠の大幅削減が実現したが，代わって主対象となったイワシクジラ資源も急速に減少してしまった．1972年ストックホルムの人間環境会議では，捕鯨のモラトリアムが決議された．

モラトリアム決議に危機感を抱いたIWCは，このような状態から脱却するために，シロナガス換算方式を放棄して新管理方式を採用し，1975年からこれを鯨種別，海区別に適用した．この方式は，資源量が未利用時の半分程度にまで低下した時に年々の資源の増加量（持続可能生産量）が最大になるという余剰生産量モデルに基づいており，MSYの実現を目標としている．図8-2に

示すように，MSYを与える資源水準（MSYL）を基準に，それぞれの資源を，開発の進んでいない初期管理資源，MSYの資源水準付近にある維持管理資源，あるいは枯渇の進んだ捕獲禁止の保護資源に分類し，MSYの9割を限度として捕獲枠を決定する．この方式の採用によって，枯渇の激しい資源が次々と捕獲禁止となった．

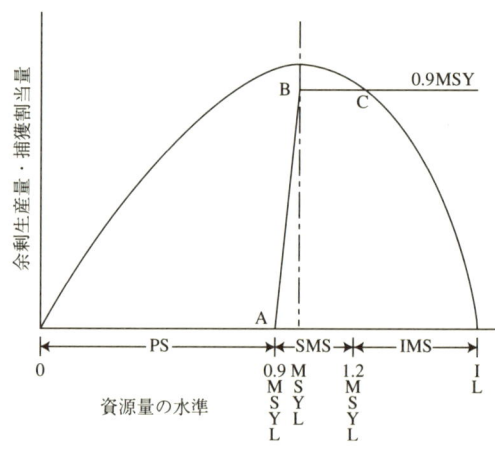

図8-2 新管理方式の余剰生産モデルと捕獲限度量（田中，1984）
IMS：初期管理資源，SMS：維持管理資源，PS：保護資源，IL：初期資源量

新管理方式では，MSYの水準以上にある健全な資源からでも，MSYの90%までしか捕獲を許さない．これは，MSYなどの推定誤差を見込んで，安全をみたためである．もし推定値が正しければ，資源はMSYの水準よりかなり高いところで安定する．MSYの水準以下の資源からの捕獲を厳しく制限しているのは，捕獲量を余剰生産量より低くおさえて，資源の速やかな回復をはかるためである．推定誤差に対する安全のため，捕獲量は必要以上に小さくおさえられている．

新管理方式を実行するためには，図8-2からわかるように，MSY，MSYの資源水準，および現在資源量の3つの情報を必要とする．これらの情報がかなりの誤差を含んでいたとしても，枯渇の激しい資源については禁漁の必要性を

Ⅷ. 鯨資源の管理方式

疑うことはできなかった．しかしそれほどでない資源については，データや計算法などによって結果が異なり，科学者の間で合意を得ることが困難になってきた．また新管理方式そのものの欠点が種々指摘された．例えば，MSYの水準の資源とその90%にまで減少した資源の間では，捕獲枠がMSYの90%から0へと急激に変化している．現在行なわれている調査では，資源量の推定精度は変動係数で10%以上，変動の幅でいうと±20%以上である．このような推定値では10%の差は誤差の範囲内にある．捕獲枠が年々大きく変ることは避けがたい．そのようなわけで，管理方式の改訂が論議されるようになった．

IWCは資源管理の専門家からなる作業部会をつくり，管理方式の検討を行なうこととした．この作業部会の1980年3月のホノルル会合には，福田嘉男・大隅清治両博士と田中も出席した．作業部会報告書はその中で，以下のような資源管理の諸原則を提案している．科学的情報に基づいて単位資源（ストック）を区分し，各ストックの状態を考慮してストックごとに管理すべきこと；ストックの状態が不明の時は，ストックを増加させる方策を取ること；規制結果のモニタリングや管理の改善のための科学情報を入手すべきこと，また状況が許せば実験的管理を試みること；管理方策の策定に当たって情報の質と量を考慮すること；環境変化の影響を考慮すること；またこれらの原則の適用に当たって費用と効果について考慮すべきこととされている．

この作業部会は，同じ報告書の中で，資源水準の目標点を定め，この目標に一定年数以内に到達させるような管理方式を提案した．このほかにも多くの人からさまざまな方式が提案されたが，いずれもIWCの科学委員会の中での困難を根本的に解決できるものではなかった．MSYの量，これを与える資源量の水準などの情報は，これを直接的に推定することは困難であるが，これらの情報を用いない管理方式はまだ考えられていなかった．

科学委員会は，ストックホルムのモラトリアム決議以後も，鯨の資源状態は個々の資源ごとに異なっており，これらに一律にモラトリアムを課することは，かってのシロナガス換算方式と同じであって適当ではないとして，反対の態度

をとっていた．しかし，1982 年に IWC は科学的情報が不足していて資源の安全な管理はできないとして，捕鯨のモラトリアムを決定し，1985/86 年の南氷洋の漁期以降，すべての商業捕鯨が禁止されることになった．この決定には，1990 年までに資源の再評価を行なうことが条件とされていたが，科学委員会はこの再評価の作業項目の中に，管理方式の改訂を含めることとした．

　モラトリアムの決定は，捕獲枠の勧告を必要としなくなるが，科学委員会の負担を軽くすることにはならず，新たな困難を持ち込んだ．1985 年までは捕鯨が続くので，捕獲枠を勧告しなければならない．また，条約にもとづいてモラトリアムに異議申し立てを行なって捕鯨を続けようとする国があるため，毎年の資源の評価は必要であった．従来，新管理方式を適用するにあたって，MSY やその資源水準を計算するために，鯨の捕獲以外の原因による自然死亡や若い鯨の加入率，親子の量的関係を表わす再生産曲線などが仮定され，慣例的に用いられていた．しかしこれらの仮定や前提が一つ一つ厳しく批判され，資源評価の結果が否定されて，新管理方式あるいは類似の方式はそれを適用する根拠がほとんど失われてしまった．

　当時南氷洋で唯一捕獲の対象になっていたミンククジラの自然死亡率の推定には，ナガスクジラなどのデータのよくそろっている鯨種について得られている値をもとに，自然死亡率が鯨の大きさと関連しているという比較生態学的な原理によって，小型のミンククジラに換算する方法がとられていた．しかしこのような方法には実証的裏付けがなく，ナガスクジラなどについての値そのものにも問題があるとして，換算された値は用いないこととされた．またミンククジラは，大型鯨資源の枯渇のため餌などの余剰が生じ，資源が増大したと考えられていた．しかしこれも直接的な証拠がないとして否定されてしまった．桜本和美博士と田中は，ミンククジラの捕獲物の年齢組成を各種の方法で解析して，資源への加入が増加していたことを示したが，自然死亡率の値が不確かだとして，受け入れられなかった．

4. 改訂管理方式

科学委員会は鯨資源について多くのことを否定していく一方で，国際鯨類研究 10 年計画（IDCR）のもとで，南氷洋のミンククジラの資源量目視調査を 1978/79 年から続けていた．この調査は IWC として実施したもので，各国からの科学者が参加し，ミンククジラの資源頭数が推定され，科学委員会もこれに合意していた．このことは，先に示した資源量の水準のみを利用する自動制御の考え方に基づく管理方式の適用が可能であることを意味している．田中はこの方式を，その有効性を示すデータと共に科学委員会に提案し，注目を集めた．科学委員会の資源管理作業部会は 1987 年 3 月の第 1 回会合以降，この方式を含めた 5 つの方式について，膨大な量のシミュレーションによる比較検討を行ない，1991 年に 5 つの中の 1 つの方式を改訂管理方式として採用すべきことを決定した．その詳細な仕様書は 1993 年に完成し，IWC は 1994 年にこれを正式に受理した．

この方式では，過去の捕獲数 C_t を用いて，簡単な資源頭数 P_t の増殖動態モデル

$$P_{t+1} = P_t - C_t + 1.4184 \mu P_t \{1 - (P_t/P_0)^2\}$$

から毎年の資源量を計算する．ここで μ は資源の繁殖力，P_0 は捕鯨のなかった時代の初期資源量で，共に未知数である．今 μ と P_0 に適当に値を与えると，この式から現在資源量 P_T が計算できる．この値を観測された資源量と比較し，差の小さい場合には仮定した μ と P_0 が正しい値である可能性が高いとして重みを重くし，逆に大きく違っている時には軽くする．これらの未知数に対しては，あらかじめ常識的に考えられる値の範囲を指定しておく．T 年の捕獲限度量 L_T は，仮定した μ と P_0 およびその年の資源量の計算値 P_T から

$$L_T = 3\mu \{(P_T/P_0) - 0.54\} P_T$$

によって計算する．L_T は現在資源頭数 P_T や繁殖力 μ が大きいほど大きくなる．P_T / P_0 は資源減少比で，これが 54％以下になると禁漁となり L_T は 0，54％より高ければ高いほど L_T は大きい．このようにして，μ と P_0 の各組に対して，それぞれ重みが与えられ，L_T が計算できる．

　μ と P_0 の組を指定された範囲内に満遍なく配置して各組の L_T を求め，これを大きさの順に配列し，小さいほうからそれぞれの L_T に与えられた重みの累積和を計算し，これが重み全体の和の 40％くらいになる L_T を実際の限度量として採用する．このことは，正しい L_T が，採用された L_T より小さい可能性が 40％，大きい可能性が 60％となっていることを意味する．シミュレーションで調べた結果，この方式によった場合，誤って資源の減少比を 54％以下にしてしまう可能性は極めて低いことがわかった．

　巧妙に仕組まれたこの方式は一見複雑であるが，全てコンピュータのプログラムとして与えられており，過去の捕獲統計 C_i，現在資源量の観測値およびその推定誤差を入力すると，答えが得られる．過去 8 年以内に資源量推定値がない時は限度量が割り引かれ，13 年たてば 0 とされる．資源量推定法に関してはガイドラインができており，これに従った方法による結果だけが利用できる．

　科学委員会はこのようにして改訂管理方式を完成させたが，IWC としては商業捕鯨のモラトリアムを解除しておらず，この管理方式は実行に移されていない．完成された方式を適用すれば，いろいろな苛酷な条件のもとでも資源の安全な管理が可能であることが，シミュレーションによって示されているが，具体的にいくつかの資源について試算してみると，捕獲率は 1％以下になる．一旦枯渇した鯨資源の多くが 5％以上の率で回復していることが知られているが，これに比べて捕獲率 1％以下は極めて内輪の値ということができる．

終章　資源研究のこれから
―― データとモデルは卵と鶏 ――

1. 研究の成果と今後の基本課題

　今まで，いろいろな例をあげながら，それぞれの水産資源の特性や変動の歴史を考え，これら水産資源の研究の方法論や，水産資源学の諸概念を紹介し，また資源の管理について考えてきた．日本の漁獲量の中で，また全世界の漁獲量の中でも，特定の少数の魚種が大きな比重を占めていて，これらの変動が全体に強く影響していることがわかった．そして個々の魚種の漁獲量は大きな変動をするが，全体としてみる時意外に安定した面ももっていることを知った．資源変動の原因としては，漁獲による人為的要因と，環境の変動による自然的要因がある．漁獲の影響を見るために，漁獲の強さと漁獲量の関係を理論的に考え，その理論に基づいて，資源を診断する方法の一例を示した．また漁獲の強さを評価することに関連して，有効努力という重要な概念を説明した．東シナ海・黄海の底魚については，その乱獲の歴史を見たうえで，戦後の資源研究の一端を紹介した．この研究によって，小型魚を保護すべきことが示された．サンマは季節とともに移動し，これにともなって漁場も移動する．その間魚群は漁場への出入りを繰り返している．このような資源では，海況によって漁獲が影響され，水産資源動態研究の中で，この点が無視できなくなる．マイワシ資源は，漁獲量が数百倍の幅で変るような大きな変動をしており，これが注目すべき一つの特徴であるが，資源量の推定には産卵総量の推定が最も有効であ

った．そして，その推定値に基づいて資源管理の問題を論じた．ここでは，不十分な情報の中から一つの結論を導きだすための工夫が語られた．サケ・マスは河川に遡上して産卵し，産卵後全て死ぬという独特の生活史をもっているために，資源の研究や管理の面でも，底魚などとは別の側面が強調された．すなわち親世代と子世代の間の量的関係が再生産曲線という考え方のもとで論じられた．ブリ資源については，その子供であるモジャコおよびブリ成魚の双方について，標識放流試験によってどんなことが明らかになったかを見た．最後に情報の極めて乏しい場合に，フィードバック方式によって経験的に資源を管理する方法を示し，このような新しい考え方を取り入れた鯨資源の管理方式を紹介した．

　以上述べたことは，もちろん水産資源研究のほんの一部に過ぎない．日本や外国の多くの水産資源研究者の努力によって，我々の水産資源に関する知識は著しく高められたし，日に日に高められつつある．サケ・マス，その他の資源問題を取り扱う日米加3国間の漁業条約の交渉が行なわれていた1951年頃，サケ・マスが海洋中でどんな分布や移動をしているのかは，ほとんど知られていなかった．しかし3国の科学者の努力によって，10年後には，北海道やアラスカのサケ・マスが，いつどの辺に分布しているかがほぼ明らかになった．北海道のシロザケは，5,000 kmも離れたアラスカ沖にまで行くのである．サンマやマイワシなどの漁況の予想が，毎年漁期前に出されている．天気予報と同じように，予想は必ずしも当たらないが，いろいろな面で参考にされるまでになってきた．さまざまな利害関係の対立から簡単には行政措置に進まないことが多いが，魚種によってはその資源が乱獲されているかどうかの評価を，かなりの自信をもって下せるところまできた．

　これらの数々の成果にもかかわらず，資源研究者の顔は必ずしも明るくない．それは，過去においてたとえば東シナ海・黄海や北洋での底魚の乱獲を未然に防止できず，そのために東シナ海・黄海の底魚漁業が衰退したり，北洋の底魚漁業が減船整理のために苦しまなければならないことになったからである．そ

してこれらの資源は未だに回復していない．資源管理は何も水産資源学の理論からだけで進められるものでなく，経済的，社会的問題が重要な要素となっているから，乱獲になったとしても，その責任の大半は経済的，社会的要因にあるわけだが，もし水産資源学が疑う余地のないほど明確な結論をタイムリーに出していたなら，事態は相当に違っていただろうと思われる．

1970年代に入ってマイワシ資源が猛烈な勢いでふえ，1980年代を通して高い水準に維持された．そして，資源学者の皮肉な予言が的中して，1990年代に入って急減してしまった．その原因についていろいろなことが言われており，海洋条件との関連も指摘されているが，的確な説明はなされていない．現在の水産資源学の水準からいうと，2〜3年先までの予測は可能であるが，その後いつまで豊漁や凶漁が続くのかはわからない．増減の原因がわかっていないので，予測もできないのである．

これら2つの例が示しているように，水産資源学上の2つの大きな課題は，不十分な情報しか得られていない時に，あるいは信頼性の高い資源評価ができない場合に，どのようにして漁業を規制し，水産資源を管理すればよいか，管理に当たってどのような基本的立場を取るべきか，をはっきりさせること，およびたとえばマイワシ資源のような大きな資源変動の原因，あるいは法則性を明らかにすることである．

2. 資源管理技術の開発

資源管理に関して現在の大きな問題点は，資源動態に関する理論はあっても，これを具体的資源管理に適用すべき技術の体系のないことである．資源研究の結果，小型魚の獲り過ぎらしいという診断が下されたとする．だから網の目合を大きくすべきであると提案すると，一方で目合を大きくしても効果は疑わしいと反対意見が出される．ここまで来ると，普通事態はそれ以上進まなくなる．もう少し現状のままで様子を見ましょう，というようなことになる．これが医

者ならば，様子を見ようと言いながらも，熱が高ければ熱さましを，痛みが強ければ痛み止めを処方するだろう．真の原因はわからなくても，その時の症状に応じた治療の仕方は決まっている．資源の管理にはそれがない．たしかに，目合を大きくしても効果の現れなかったときは損害を補償してくれ，などと言われたら，網の目合拡大を提案した科学者も尻込みをしてしまうだろう．絶対に間違いのない結論などとても出せないからである．

その意味で，資源管理の技術とは，うまく失敗をするための技術でもあるわけだ．失敗の技術とは，次のようなものを含んでいる．第1に，してもよい失敗と，絶対に許されない失敗を仕分けること，つぎに失敗をしたかどうかを速やかに発見すること，そして失敗が発見された時に速やかにこれに対処する方法を決定することである．

このような観点から資源管理を考えると，取られる措置はどうしても控えめなものになろう．そして1回で目的を達成するというよりは，小刻みな措置の継続，繰り返しということになろう．ここで，鯨資源の管理に関連して紹介したフィードバック・システムによる自動制御の考え方が生きてくる．まず資源のあるべき姿，管理によって到達すべき目標が設定される．この目標は，自然科学によってではなく，社会の要請によって定められよう．究極的目標とは別に，これに接近するための当面の目標を定めることもできる．次に，現状を調査して，目標からの外れを測定する．外れの方向や程度に応じて，あらかじめ定められた手続きにしたがって，目標に接近するための手が打たれる．モニタリングによって打った手の効果を見積もり，再び目標からの外れの具合を測定する．このような操作を繰り返しながら，漸近的に目標に近づくことになる．社会的要請が変化してしまっても，このようなシステムは必ず新しい目標に向って接近していく．ただし打つべき手が適切でないと，システムは振動したり発散してしまって，目標に近づけない．このシステムでもう一つ大切なことは，経験に基づいて絶えずシステム自身を改良していくことである．そして，人間が資源に積極的に作用を与え，その反応を観測することによって，資源の動態

の法則性そのものがより明らかになってくる．

以上のような考え方を実際に適用した場合の資源の管理システムはどのようなものであるべきか，そしてそのシステムの動態特性はどうか，収斂的か発散的か，どうすれば早く目標に確実に到達できるか，などの問題を，個々の漁業および資源について具体的に明らかにしていく必要がある．国際捕鯨委員会の科学委員会が開発したヒゲクジラの改訂管理方式は，まさにこのような考え方から生まれてきた．

3．マイワシなどの年級変動の原因究明

マイワシの大きな資源変動の原因が明らかでないとはいっても，全く何もわかっていないわけではない．資源が増大した時，まずある年生まれの群が大量に現れてくる．一時的でなく，本当に資源が増大するときは，このような年級がいくつか続いて出現する．そしてこれらの年級が親になって産卵に参加すれば，産卵量が著しく大きくなる．そして毎年引き続いて大きな年級が発生するようになると，資源は非常に高い水準で長期的に安定する．マイワシやサバ資源はこのような過程を経て増大した．

高い水準で安定している資源で，突然若齢魚の加入が途絶えることがある．加入がないので資源中の魚は年とともに高齢化し，数を減らし，やがて資源全体が崩壊する．1990年代の日本近海のマイワシの不漁も，1940年代のアメリカ太平洋岸のマイワシの不漁も，まさにこのようにして起こった．北海道のニシン資源壊滅の経過も同様なものであった．

親があまり多くなくても大きな年級が発生したり，大量の産卵があっても加入がほとんどなくなるのは，産卵されてから資源に加入するまでの間の死亡率が変化するからである．マイワシ1尾の雌は数万粒の卵を産む．これらの子供は1ヶ月くらいの間に99.9％が死んでしまう．もしこの率が0.1％低くなると，生き残る数は2倍になる．逆に0.1％高くなると，全滅してしまう．マイワシ

やサバ，あるいはニシンの資源変動の原因が，発生初期を含めた生活第1年目の段階での激しい死亡の中にあることは明らかである．

初期の時期の高い死亡率の原因は，飢餓と食害であると言われている．マイワシ仔魚は孵化してから約2日以内に適当な餌にありつけないと餓死してしまう．孵化したばかりの仔魚は全長3 mmくらいで，まるで綿ぼこりみたいな頼りないものである．獰猛な肉食魚のみならず，小型のプランクトン食の魚類から，産卵場に無数にいる大型のプランクトンまでが，これらの仔魚を食べる．その量は大変なものである．最近の研究によると，仔魚より大きくなった稚魚あるいは幼魚の段階でも，大量の死亡の起こることがあるらしい．ここでもし海況のちょっとした変化のために餌の量がわずか増加し，あるいは害敵の量が減少して，仔，稚魚の死亡率が少し低くなったとすると，即大きな年級が得られることになる．このような好適な海況が数年続けば，資源はたちまち増大する．

我々の知らないことは，サバやマイワシが増加した時に本当にこのような環境の変化があったかどうかということと，餌の量や害敵の量がどの程度変ると，死亡率がどのくらい変化するかというような問題である．魚類の初期生活史段階での生態についての研究をさらに発展させなければならない．産卵場や成育場の現場で観測を行ない，標本を採集することも必要であるが，実験室の中で厳密に設定された条件のもとでの飼育実験も必要であろう．実験室での観察によると，仔魚は餌の濃密な塊（パッチ）の中に集まっているという（Hunter & Thomas, 1974）．そうだとすると，餌密度を測る場合，海全体の平均としてではなく，パッチ状の分布そのものを調べなければならないことになる．環境の調査に当たっては，このように木目細かい観測が必要になる．

マイワシ資源の大規模な変動が，太平洋の東西ばかりでなく，大西洋でも同期的に起こっていることが注目されている．日本，カリフォルニア，チリ，ヨーロッパのマイワシは，そろって1970年頃から上昇を始め，1980年代を通して高い水準に保たれたが，1990年代に入ると，いずれも急速に低下を始めた．

全地球的規模での大気・海洋条件の変化が関係していると考えられ，レジームシフト（体制の転換）問題として議論されている（川崎，1994）．マイワシの分布域の水温が低下し，下層の栄養豊富な水の湧昇が促進されて，マイワシの餌の生産が増大するというように説明されている．水温と年級変動の間の統計的な関連も一部認められている．しかし，マイワシの初期生活の中で，具体的に何が起こったのか，今一つ明確でない．マイワシ不漁がいつまで続くのかも予測できない．問題の枠はしぼられてきたが，まだまだ抽象的な段階から抜け出せない．

　マイワシ資源の大規模な変動を，漁業規制などの手段で人間がコントロールすることは不可能であろう．しかしもし事前にこの変動が予測できれば，それなりの対応はできるはずである．マイワシ資源変動を予測し，何年も前に漁業者にこれを知らせ，変動に対する対応策を講じることができるようになる日の近いことを願うものである．

4. 水産資源研究で今何をなすべきか

4.1　研究が壁にぶつかった時

　水産資源の研究を続けていると，行きづまって動きがとれなくなることがある．どんな研究でも壁にぶつかることはあるが，行政対応をバックにした資源研究では，これが個人の能力の限界だとか，ゆっくり考えて発想の転換をはかるなどといってすますわけには行かない．国際対応で，漁獲枠をいくらにするかというような生臭い問題が絡んでいると，何が何でも研究を進めないと，戦いに勝つことができなくなる．このような場で，資源研究者は何をなすべきかを真剣に考える必要がある．

　資源研究にはいろいろな段階がある．今までにも個別的研究はあったが，資源全体についての組織的情報がとぼしいというような時，行政的な必要が生じれば，まず基礎情報のための調査が始まる．モジャコの研究はまさにこのよう

にして始まったが,東シナ海・黄海の底魚,マイワシ資源の調査も同様である.研究者は調査計画を立案し,その実行に力を集中する.何をどうやって調べるかは,内外の過去の経験や実績,資源学の理論,統計学の理論などから決められていく.調査が計画通りに進みだすと,データが次々と集まってくる.研究者は,今度はそのデータの一次処理に追われることになる.

近年のように,調査がコンピュータ処理を前提にして計画されている時は,すでに数字になっている漁獲量や体長のようなデータは,ほとんど人の目に触れる間もなく,漁区別季節別の漁獲統計とか体長組成という型になって打ち出されてくる.それでも,たとえば鱗や耳石による年齢査定や胃内容物の査定は,集められた標本によって,一つ一つ研究者の手で進められる.

データが何年分か蓄積されてくると,それらのデータの解析,資源動態の解析,資源診断の段階になる.資源解析手法の基本は教科書にも書いてあるが,この基本を具体的データに適用して解析を進め,ある資源についてその生態を明らかにし,現状を評価し,資源管理に関する一つの結論を導きだす仕事は,それぞれの研究者の技量の見せ所である.

調査の計画から資源の評価までの情報の流れが,期待どおりに進めば問題はない.戦後日本で始められた多くの資源研究は,当初はこのような形で進展し,大きな成果をあげたように見えた.しかし,研究が進展するにつれて,やがていろいろな所で壁にぶつかることになる.漁獲量・努力量統計と資源を代表する年齢組成のデータがあれば,漁獲率や自然死亡率の推定が可能であるが,マイワシ漁業のように漁法も地域も季節もまちまちなものでは,漁獲物の組成から資源全体の組成を推測するのは容易でない.資源学の理論は,普通簡単のため魚群の漁場への出入りはないと仮定する.サンマのように漁場を通過していく魚群には歯が立たない.

このような時にあえて何らかの結論を引き出そうとすれば,いろいろな仮定を置いたり,あるいは複雑なモデルを作って,強引に処理をせざるをえない.複雑なモデルはより多くのデータを要求するが,それらがそろわない時は,そ

終章　資源研究のこれから

の隙間を仮定でつなぎ合わせる以外にない．もちろん仮定の置き方やモデルによって，結論は違ってくる．利害関係の対立している時は，それぞれ自分に有利な仮定やモデルによって結論を出し，これを主張することになる．議論は，仮定の妥当性，モデルの現実性をめぐって，いつまでも続く．モデルが批判されると，これを修正してより精緻なものにし，複雑な計算を行なって，相手を説得しようとする．正当性を判定する基準がないので，このような争いは簡単には決着がつかないし，第三者が行司に入って，どちらかのモデルに勝ちを宣することも容易でない．また，激しい議論によって資源の真実に迫っているというわけでもない．

4.2　鯨資源の場合

　ここでもし，基本的データで，しかも対立する双方にとっても否定しがたいようなものが一つあると，このデータと矛盾するような仮定やモデルは自動的に排除される．マイワシ資源の場合，産卵総量から資源量が推定されたが，この結果と矛盾しない範囲で推論を進めて，小型魚の保護が有効であることがわかった．マイワシの産卵調査は現在も続けられており，資源量の動向をモニタリングできるだけでなく，産卵場の変化などから資源変調の兆候を知ることもできる．

　鯨資源の管理もこのよい例である．商業捕鯨が盛んであった頃，可能なかぎり商業捕鯨を維持するという基本的立場に立って，科学者は乏しいなりの情報を使って推論を行ない，捕獲枠などを勧告してきた．直接的情報の不足している所は，他の分野からの類推，生物学的法則性の適用など，いろいろ工夫をこらしていた．しかし捕鯨を悪であるとする科学者が参加してくると，状況は全く変ってしまう．直接的に証明されていないデータは用いるべきでないとか，捕鯨の操業パターンからいって，努力当たり捕獲量は資源量を反映していないなどの否定的主張が展開され，捕鯨条約の主旨に則って捕鯨を維持しようとする側は窮地に立たされた．

努力量のデータが使えなくなったので，これを利用しない体長組成や年齢組成をコンピュータで解析して資源を評価する手法が展開された．北西太平洋のマッコウクジラの体長組成の解析では，成長曲線の与え方によって，楽観的結論や悲観的結論が出てくる．白木原国雄博士と田中は，捕獲鯨の年齢と体長との関係から求めた成長曲線を適用した．結果はかなり楽観的なものだった．しかし，成長のよい大きな鯨ほど若いうちから捕獲されるので，高齢鯨では成長の悪い個体が多く生き残っていて，観測された成長曲線は成長を低めに推定していると批判された．商業捕鯨のモラトリアムもあって，偏りのない成長曲線を求める研究も，資源の解析も，その後全く行なわれていない．

　南氷洋のミンククジラについては，幸い国際捕鯨委員会（IWC）の国際鯨類研究10年計画（IDCR）のもとで，資源頭数の目視調査が，各国からの科学者の参加を得て進められていた．このデータが目で見て数えるという直接的方法によっていることもあって，科学委員会の中で高い評価を受け，合意された推定値が得られていた．南氷洋での成功が刺激となって，北太平洋や北大西洋でも大規模な目視調査が行なわれた．北大西洋では，北欧の各国が協力して調査を実施したが，その結果，北東大西洋のミンククジラの資源量は約12万頭と推定された．従来の，モデルによってコンピュータを用いて推定した結果は5万頭前後に過ぎなかった．

4.3　データとモデル

　資源量の絶対値は，資源に関する基本的情報の中でも特に重みのあるものである．だから，他の情報が全くなくても，資源管理を実行することができる．鯨のような大型動物だから目視による資源量の推定が可能であったわけだが，この目視調査なしには，鯨資源をめぐる無意味な論争を避け，実際的な資源管理法としての改訂管理方式を完成させることはできなかっただろう．そして，改訂管理方式なしでは，資源量の絶対値という重要な情報を十分に役立てることができない．このように，データとモデルは相互依存の関係にある．卵と鶏

終章　資源研究のこれから

の関係にも例えられよう．

　資源研究が行きづまった時，データがないためなのか，データはあるが，それを使いこなすためのモデルがないためなのかをよく考える必要がある．モデルがないためにどんな情報を集めればよいかわからないという場合もあるだろう．ある特定のデータが欠けているために，そこから一歩も進めないというなら，まずそのデータを入手することに努力を注ぐべきだし，またそのデータが実際上入手できないものであれば，そのデータを必要としない別の方法やモデルを考えなければならない．その時の判断の正しさが，その後の研究の進展を左右する．研究者の能力が問われるところである．

　データを集めるべきだとなったとき，調査を組織し，予算を確保し，計画を実行するのは，なかなか骨の折れる仕事である．これに比べると，モデルをいろいろと修正しながら，コンピュータで膨大な量の計算を行なうというのは，一見安易で安上がりな方法のように見える．これによって問題が解決できるなら，苦労の多い調査を実行する意味はない．しかしもし，調査の労を惜しんで安易な方法をとったとすれば，一時しのぎの役には立ったとしても，結局またもとの所にもどってきてしまうだろう．

　今，データを必要としているとしても，この状態がいつまでも続くわけではない．必ず次の段階でモデルの要求される時が来る．この段階にまで研究を発展させないと，せっかく集めたデータが十分に活かされない．今モデルの開発が必要だとしても，次の段階としてモデルを活用するためのデータが必要になる．そしてその都度的確な判断が要求される．的確な判断を下すためには，経験と自らの訓練が必要である．研究者として思い悩み，考えることも経験と訓練のうちである．

参考文献

田中昌一による主な著書・論文

資源学の著書

水産生物の Population dynamics と漁業資源管理．東海水研報, 28：1-200（1960）.
資源研究の理論と実際．日本水産資源保護協会, 71pp.（1968）.
水産資源と漁業．魚, 東京大学公開講座 27, 東京大学出版会, 37-66（1978）.
水産資源の特徴と管理．（平山編）資源管理型漁業 ― その手法と考え方, 東京水産大学 16 公開講座, 成山堂書店, 東京, 73-101（1991）.
釣りを支える自然の論理．（池田編）釣りから学ぶ ― 自然と人の関係, 東京水産大学 19 公開講座, 成山堂書店, 東京, 146-174（1995）.
公海資源の合理的利用への提言．（北原編）クジラに学ぶ, 東京水産大学 22 公開講座, 成山堂書店, 東京, 208-224（1996）.
水産資源学総論, 増補改訂版．恒星社厚生閣, 東京, 406pp.（1998）.

資源管理・資源研究に関する論文

水産資源の開発と保存．地域開発, 1973 年 11 月号, 45-54（1973）.
展望 ― 水産資源学の歴史と将来．（田中編）水産資源論, 海洋学講座 12, 東京大学出版会, 1-5（1973）.
日本漁業の現状と資源・海洋研究をめぐる諸問題．漁業資源研究会議報, 水産庁, 16：9-17（1974）.
日本の漁業とその将来展望．思想の科学, 84（1977 年 12 月号）, 48-56（1977）.
資源管理をめぐって．（川崎・田中編）200 カイリ時代と日本の水産, 恒星社厚生閣, 東京, 101-122（1981）.
漁業資源の生産と管理．（水産海洋研究会編）21 世紀の漁業と水産海洋研究, 恒星社厚生閣, 東京, 66-73（1988）.
水産資源管理に対する一つの考え方．北水研技報, 1：4-13（1989）.

水産資源学研究は今何をなすべきか．月刊海洋，号外 17：210-215（1999）．
資源管理の理論と実際．水産資源管理談話会報，日鯨研，22：20-31（2000）．

鯨資源管理に関する論文

捕鯨と自然保護．日本の科学者，19（6）：335-340（1984）．
一つのモデル独立型鯨類資源管理方式．（桜本・加藤・田中編）鯨類資源の研究と管
　　理，恒星社厚生閣，東京，184-197（1991）．
鯨資源の研究と管理．マリンバイオテクノロジー研究会報，7（3）：18-36（1994）．
鯨資源の改訂管理方式．鯨研通信，391：1-6，392：1-7（1996）．
RMP について．水産資源管理談話会報，日鯨研，19：3-16（1998）．
鯨の資源，その利用と管理の過去と現在．世界の漁業第 1 編，世界レベルの漁業動
　　向，海外漁業協力財団，海漁協（資），156：312-336（1998）．
南氷洋における鯨の保護区．鯨研通信，403：1-5（1999）．

引用文献

Ⅰ．

FAO（1995）：世界の漁業と養殖の現状．（和訳）海外漁業協力財団，海漁協（資）
　　147，59pp.（1997）．

Ⅱ．

石田昭夫（1952）：ニシン漁業とその生物学的考察．漁業科学叢書，水産庁，4，
　　57pp.
田中昌一（1968）：資源研究の理論と実際．日本水産資源保護協会，71pp.
田中昌一（1998）：水産資源学総論，増補改訂版．恒星社厚生閣，東京，406pp.

Ⅲ．

笠原　昊（1948）：支那東海黄海の底曳網漁業とその資源．日本水産研究報告，3，
　　193pp.

参考文献

真道重明・八木庸夫 (1970)：経済的要因を考慮した以西底びき網漁業の資源管理に関する考察．東シナ海・黄海における底魚資源の研究, 6, 38pp.

西海区水産研究所 (1951)：以西底魚資源調査研究の組織及び計画．以西底魚資源調査研究報告, 1, 47pp.

西海区水産研究所 (1953)：1950 年 9 月より 1953 年 3 月までの研究経過報告．東海・黄海における底魚資源の研究, 125pp.

西海区水産研究所 (1999)：西海区水産研究所 50 年史, 276pp.

田内森三郎 (1949)：以西底曳漁業について適正な漁獲量を推定する一つの試み．日水誌, 14：227-232.

山本　忠 (1949)：支那東海・黄海に於ける汽船トロール漁業並に機船底曳網漁業の抱容隻数算定に関する資料, 水産庁福岡駐在所, 55pp.

Ⅳ.

小達　繁 (1956)：サンマの脊椎骨数．東北水研報, 8：1-14.

小達　繁 (1962)：脊椎骨数からみたサンマ魚群集団の構造－Ⅰ．秋季漁獲サンマの脊椎骨数．東北水研報, 21：38-49.

久保雄一・武藤康博 (1955)：太平洋側サンマの漁業生物学的研究－Ⅰ．年令査定について．茨城水試試験報告, 昭和 27 年度, 56-57, 72-76.

栗田　晋・田中昌一・茂木雅子 (1973)：Abundance index and dynamics of the saury population in the Pacific Ocean off northern Japan. 日水誌, 39 (1)：7-16.

菅間慧一 (1957)：耳石の性状からみたサンマのポピュレーション構造－Ⅰ．北水研報, 16：1-12.

巣山　哲・桜井泰憲・目黒敏美・島崎健二 (1992)：中部北太平洋におけるサンマ *Cololabis saira* の耳石日周輪に基づく年齢と成長の推定．日水誌, 58：1607-1614.

畑中正吉 (1956)：Biological studies on the population of the saury, *Cololabis saira* (Brevoort) Part 1. Reproduction and growth. *Tohoku J. Agr. Res.*, 6：227-269.

堀田秀之（1960）：鱗・耳石によるポピュレーション構造の分析とその成長．東北水研報, 16：41-64.

松宮義晴・田中昌一（1974）：体長組成解析によるサンマのいわゆる大型・中型等の検討．東北水研報, 33：1-18.

松宮義晴・田中昌一（1976a）：Dynamics of the saury population in the Pacific Ocean off northern Japan -I. Abundance index in number by size category and fishing ground. 日水誌, 42（3）：277-286.

松宮義晴・田中昌一（1976b）：Dynamics of the saury population in the Pacific Ocean off northern Japan -II. Estimation of the catchability coefficient q with the shift of fishing ground. 日水誌, 42（9）：943-952.

V.

田中昌一（1973）：卵, 稚仔調査法．（田中編）水産資源論, 海洋学講座12, 東京大学出版会, 64-67.

山中一郎（1961）：利用度の変化を考慮した水産資源の数学的模型に関する研究．日水研報, 8, 94pp.

VI.

田中昌一（1962）：Studies of the question of reproduction of salmon stocks. *Int. North Pac. Fish. Comm., Bull.* 10：123-128.

Johnson, W.E.（1965）：On mechanisms of self-regulation of population abundance in *Oncorhynchus nerka. Mitt. Internat. Verein. Limnol.*, 13：66-87.

Rounsefell, G.A.（1958）：Factors causing decline in sockeye salmon of Karluk River, Alaska. *Fishery Bull.*, U.S., 58：83-169.

VII.

田中昌一（1967a）：モジャコ漁場における流れ藻の標識放流．農林水産技術会議研究成果, 30：70-78.

田中昌一（1967b）：Estimation of fishing coefficient of mojako by tagging

参考文献

experiments on drifting seaweeds -I, 日水誌, 33 (12) : 1108-1115.

田中昌一 (1968) : Estimation of fishing coefficient of mojako by tagging experiments on drifting seaweeds -II, 日水誌, 34 (9) : 775-780.

田中昌一 (1973) : 標識放流からみた本邦太平洋沿岸のブリの回遊 -III, 日水誌, 39 (1) : 17-23.

田中昌一 (1975) : 標識放流からみた本邦太平洋沿岸のブリの回遊 -IV, 日水誌, 41 (4) : 423-427.

東海区水産研究所ほか (1966) : モジャコ採捕のブリ資源に及ぼす影響に関する研究. 99pp.

Ⅷ.

桜本和美・田中昌一 (1989) : A simulation study on management of whale stocks considering feedback systems. *Rep. int. Whal. Commn, Special Issue,* 11 : 199-210.

田中昌一 (1960) : 資源管理の一つの考え方. 水産資源の Population dynamics と漁業資源管理, 東海水研報, 28 : 180-182.

田中昌一 (1984) : 捕鯨と自然保護. 日本の科学者, 19 (6) : 335-340.

終章

川崎 健 (1994) : 浮魚生態系のレジーム・シフト (構造的転換) 問題の 10 年 — FAO 専門家会議 (1983) から PICES 第 3 回年次会合 (1994) まで. 水産海洋研究, 58 (4) : 321-333.

白木原国雄・田中昌一 (1983) : An alternative length-specific model and population assessment for the western North Pacific sperm whales. *Rep. int. Whal. Commn,* 33 : 287-294.

Hunter, J.R. and Thomas, G.L. (1974) : Effect of prey distribution and density on the searching and feeding behaviour of larval anchovy *Englaulis mordax* Girard. (Blaxter, J.H.S. ed.) The Early Life History of Fish, Springer-Verlag, Berlin, Heiderberg, New York, 559-574.

索　　引

〈ア行〉

IWC　　127, 131
足摺岬　　102
アジ類　　8
網目　　22, 42
網目規制　　43
アンチョビー　　12
イカナゴ　　4
以西底曳き　　7, 32
逸散　　53, 55, 56, 58, 61, 118
曳網当たり漁獲量　　33, 35, 43
MEY（最大純経済生産量）　　121
MSY（最大持続生産量）　　21, 89, 94, 121, 125, 127
エル・ニーニョ　　12
沿岸漁業　　2, 7
遠洋漁業　　2, 5, 13
沖合漁業　　3, 5
親潮　　51, 56

〈カ行〉

カーラック河　　92
改訂管理方式　　131, 137, 142
海面養殖業　　2, 7
加入　　53, 55, 58
加入量　　18, 42, 72, 84, 86
加入量当たり漁獲量　　19, 22, 42, 74, 84
カラフトマス　　77
環境収容力　　83
環流　　101

キグチ　　37, 38, 41
機船底曳き網　　32, 35, 44
漁獲開始年齢　　21, 22, 40
漁獲係数　　17, 18, 22, 29, 41, 56, 60, 71, 74, 108
漁獲限度量　　123
漁獲努力　　35, 53, 56, 121
漁獲率　　27, 64, 70, 72, 89, 94, 99, 105, 109, 140
漁獲利用率　　17, 19, 59, 70, 89
漁具能率　　17, 29
魚群量指数　　53, 55, 58
魚種組成　　37
漁場　　35, 44, 51, 53, 57, 58, 64, 103, 113, 126, 133, 140
魚体調査　　38, 48, 64, 99
ギンザケ　　7, 77
鯨　　126, 134, 136, 141
グチ類　　32
熊野灘　　105, 112
黒潮　　8, 11, 51, 56, 98, 102
コガネガレイ　　3
国際鯨類研究10年計画（IDCR）　　131, 142
国際捕鯨委員会（IWC）　　127, 137, 142

〈サ行〉

西海区水産研究所　　38, 43
再生産曲線　　84, 85, 86, 92, 130, 134
最適漁獲率　　89
最適親魚量　　89

最適遡上数　　94
相模湾　　110
サクラマス　　77
サケ・マス　　77, 82, 83, 85, 88, 90, 126, 134
薩南　　102
サバ　　3, 8, 51, 137
サンマ　　8, 47, 51, 53, 58, 133, 140
産卵親魚　　42, 61, 70, 72, 83, 84
産卵親魚量（数）　　74, 84, 86, 92
産卵調査　　64, 75, 141
CPUE　　123
潮境　　52, 56
潮岬　　102, 120
資源管理　　75, 85, 97, 121, 127, 134, 135, 140
資源研究　　38, 63, 76, 134, 135, 139
資源診断　　22, 43, 140
資源評価　　22, 64, 135
資源量指数　　29, 43, 59, 125
耳石　　50, 140
自然死亡係数　　17, 18, 40, 71, 74
自然死亡率　　55, 70, 72, 130, 140
失敗の技術　　136
死亡率　　16, 70, 85, 86, 137
シロザケ　　77, 82, 134
シロナガスクジラ　　127
新管理方式　　127
水温　　51, 67, 113
水産試験場　　63, 68, 98, 100, 109
スケトウダラ　　3, 6, 36
ストック　　129
スルメイカ　　8
生残率　　16, 71, 115
成熟年齢　　79, 92
成長曲線　　19, 40, 142
脊椎骨　　50
セルロイド板穿孔法　　39
全減少係数　　17, 40, 56, 71

総産卵量（数）　　67, 70, 72
底魚　　31, 38, 40, 133, 140

〈タ行〉

体長組成　　38, 40, 48, 54, 140
タチウオ　　37, 38
TAC（タック，総許容漁獲量）　　123
チダイ　　32
定置網　　98
適正親魚量　　86
都井岬　　102, 116
東海区水産研究所　　97
等漁獲量曲線　　40
等漁獲量曲線図　　24
東北区水産研究所　　48
土佐湾　　102, 110
努力当たり漁獲量　　17, 24, 25, 33, 36, 41, 44, 53, 123
努力の有効度　　27, 45
努力量　　18, 26, 53, 56, 142
トロール　　31, 34

〈ナ行〉

ナガスクジラ　　127
流れ藻　　100, 101
南氷洋　　127, 142
ニシン　　16, 137
日周輪　　50
200海里制　　5, 13
年級　　15, 92
年齢査定　　19, 73, 140
年齢組成　　15, 38, 64, 70, 72, 91, 130, 140
農林省水産試験場　　63

〈ハ行〉

ハマチ　　97
パルス漁業　　3
東シナ海　　68
東シナ海・黄海　　31, 36, 38, 40, 133, 140

索　引

ヒメマス　77
標識魚　64, 91, 112
標識放流　64, 90, 99, 100, 109, 134
標本調査法　39
フィードバック　123, 125, 134, 136
プランクトン　8, 51, 67, 82, 138
ブリ　4, 7, 97, 100, 109, 134
ブリストル湾　95
フレーザー河　95
豊後水道　102
平均体重　19, 54, 70
ベニザケ　77, 82, 83, 92
ベバトン・ホルト型再生産曲線　87
ベルタランフィーの式　19, 40
棒受け網　47, 52, 53, 60
捕獲限度量　131
北洋底曳き　2, 6
捕鯨　126, 141
ホタテガイ　4, 7
北海道区水産研究所　48
ホンニベ　34, 35, 42

〈マ行〉

マイワシ　3, 7, 8, 13, 51, 63, 65, 70, 72, 85, 133, 137
マスノスケ　77
マダイ　7, 32

マッカーサー・ライン　35, 43
マッコウクジラ　127, 142
密度依存的死亡　85, 86
ミンククジラ　130, 131, 142
室戸岬　102, 116
目合　25, 41, 135
銘柄別統計　39
目視調査　131, 142
モジャコ　97, 100, 134, 139
モラトリアム　129, 132

〈ヤ行〉

ヤマメ　77
有効努力　29, 133
有効努力量　45
余剰生産量　127

〈ラ行〉

来遊資源量　58
乱獲　3, 13, 21, 22, 31, 35, 42, 43, 48, 64, 72, 121, 127, 133
陸封型　79
リッカー型再生産曲線　87, 92
レジームシフト　139
レンコダイ　32, 35, 38, 43

著者紹介

田中昌一　1926年生．東京大学工学部卒．農博．
東京大学海洋研究所教授，東京水産大学教授・学長を経て，
現在，(財)日本鯨類研究所顧問．

水産資源学を語る
すいさんしげんがく　かた

2001年1月30日　初版発行	著　者　田中昌一
	たなかしょういち
	発 行 者　佐竹久男
	発 行 所　恒星社厚生閣
	〒160-0008　東京都新宿区三栄町8
	TEL 03-3359-7371　FAX 03-3359-7375
	http://www.vinet.or.jp/~koseisha/
	組　　版　恒星社厚生閣 文字情報室
	本文印刷　興英文化社
定価はカバーに表示	製　　本　協栄製本

© Shoichi Tanaka, 2001　Printed in Japan
ISBN4-7699-0931-4　C3062

─── 好評発売中 ───

増補改訂版 水産資源学総論
新水産学全集 8
田中昌一著

水産資源の科学的管理を行う基礎学としての水産資源動態学とその周辺の問題を系統的に解説。最新の資源解析はコンピューターの利用が前提となるが，その理論や方法の知識だけでなく，基礎概念と原理についても正しい理解が得られるよう，生態学の知見を取り込み体系化。

A5判・上製函入・382頁・本体5,000円

鯨類資源の研究と管理
田中昌一・桜本和美・加藤秀弘編

国際捕鯨委員会（IWC）に直接関与するわが国研究者によるシンポジウム（1989年11月）の成果。純科学的根拠に基づく論議を喚起する。
主な内容：
- Ⅰ．国際捕鯨委員会の活動と鯨類資源調査研究の変遷（大隅清治）
- Ⅱ．系群判別（和田志郎・宮下富夫・吉岡 基・粕谷俊雄）
- Ⅲ．生物学的特性値（粕谷俊雄・加藤秀弘・田中昌一）
- Ⅳ．資源量推定（岸野洋久・笠松不二男）
- Ⅴ．資源動態解析（白木原国雄・中村 隆）
- Ⅵ．資源管理方式（桜本和美・田中昌一）
- Ⅶ．資源保護と利用（高橋順一・小原秀雄）

A5判・274頁・並製函入・本体3,690円

生物資源管理論
生物経済モデルと漁業管理
C.W.クラーク著　田中昌一監訳

Colin W. Clark（ブリティッシュ・コロンビア大）の"Bioeconomic Modeling and Fisheries Management"（1985）の全訳。数理生物学と経済学の理論を基礎に，最適化の手法，Bayes統計学の考え方を応用し，不確実性の高い水産資源の管理方法論を展開。生物資源全般にも通ずる話題を提供。

A5判・上製・函入・本体4,200円

別途消費税がかかります。

恒星社厚生閣